U0954503

中等职业学校创新示范教材

花卉室外应用

乔　程　主编

中国林业出版社
CFPH China Forestry Publishing House

图书在版编目(CIP)数据

花卉室外应用／乔程主编. —北京：中国林业出版社，2019.10
中等职业学校创新示范教材
ISBN 978-7-5038-8227-2

Ⅰ. ①花… Ⅱ. ①乔… Ⅲ. ①花卉－观赏园艺－中等专业学校－教材
Ⅳ. ①S68

中国版本图书馆 CIP 数据核字(2015)第 250178 号

责任编辑 曾琬淋
出版发行 中国林业出版社
邮编:100009
地址:北京市西城区德内大街刘海胡同 7 号
电话:010－83143630
邮箱:jiaocaipublic@163. com
网址:http://www. forestry. gov. cn/lycb. html
经　　销 新华书店
印　　刷 固安县京平诚乾印刷有限公司
版　　次 2019 年 10 月第 1 版
印　　次 2019 年 10 月第 1 次印刷
开　　本 710mm×1000mm 1/16
印　　张 6.25
字　　数 110 千字
定　　价 38.00 元

前　言

“花卉室外应用”是中等职业学校园林技术专业的核心课程之一，是根据花卉室外应用典型职业活动直接转化的理论与实践一体化课程。教材在编写过程中重点体现“行动导向”的教学理念，本着“学中做”“做中学”的原则确定编写内容。教材以真实的案例为载体，在介绍理论知识的基础上，详细介绍设计与施工过程，其目的是着重培养中职学生的实操能力。

本教材共由4个单元组成，分别是：花丛式花坛设计与施工、立体花坛施工、花境设计与施工、花钵种植设计与施工。每个单元均由单元介绍、单元目标、单元引导、任务一、任务二组成。全书图文并茂、通俗易懂，具有较强的实用性和可操作性。

本教材由从事中等职业教育教学的一线教师和富有多年行业工作经验的一线技术人员编写。主编为北京市园林学校乔程，参编人员有：北京市紫竹院公园魏娜，北京市花木有限公司张超、刘平，北京市共青林场李方园。单元一的单元介绍、单元目标、单元引导主要由乔程编写，其中部分常用花丛式花坛花卉相关内容由魏娜编写，任务一由乔程、魏娜编写，任务二由魏娜编写。单元二的单元介绍、单元目标和单元引导由乔程编写，任务一、任务二由刘平、张超、乔程编写。单元三由乔程编写。单元四的单元介绍、单元目标、单元引导、任务一由乔程编写，任务二由张超、乔程编写。所有计算机绘图均由李方园绘制。

对本教材存在的不当或不足之处，敬请读者批评指正。

编者

2019年5月

目　　录

单元一
花丛式花坛设计与施工

单元介绍

有生命力的花卉组成生动美丽的花坛，有较强的装饰性，是美化环境的一种较好方式。在居住区、写字楼等高密度建筑楼群间，设置色彩鲜艳的花坛，可以打破建筑物造成的沉闷感，增加色彩，令人赏心悦目。在站前广场及商业大厦等公共建筑前设置花坛，可以更好地装饰环境。在公园、风景名胜区及旅游胜地布置花坛，不仅可美化环境，还可构成景点，吸引游客。在机关单位、学校、工厂门前设置花坛，可起到渲染氛围的作用。

花丛式花坛在园林中的应用越来越广泛，其施工相对简单，能调节绿地色彩，弥补绿地季节性差异，越来越受到人们的喜爱。

本单元主要讲述花丛式花坛的设计与施工，分为 2 个任务，分别是地栽花卉花坛设计与施工和盆栽花卉花坛设计与施工。

单元目标

知识目标：掌握花坛的相关理论知识；掌握花丛式花坛的设计原则。

能力目标：能够进行小型地栽花卉花坛、盆栽花卉花坛的设计与施工。

情感态度价值观：培养吃苦耐劳的精神和认真严谨的学习态度，培养节约、环保意识。

单元引导

一、花坛的概念及特点

在《中国农业百科全书·观赏园艺卷》中将花坛定义为“按照设计意图在一定形体范围内栽植观赏植物，以表现群体美的设施”。花坛主要表现花卉组成的平面图纹样或色彩美，不表现个体的形态美。花坛通常是随季节变化或节庆需要，灵活栽植、变换摆放，在园林中往往起着点睛之笔的作用。

二、花坛的作用

1. 美化环境

花坛既可作为主景，也可作为配景，经常布置在街头绿地、道路两旁、广场、公园等地方，可美化城市环境，拉近人与自然的距离，弥补园林中季节性景色欠佳的缺憾，为城市环境增添色彩。

2. 标志和宣传

把标徽、标语、吉祥物、文字等融合于花坛之中，不但视觉效果好，还可以起到标志和宣传的作用。也可以寓文化教育于花坛之中，起到教育作用。在节日使用花坛，可烘托氛围。

3. 基础装饰

如果在建筑物的墙基、屋角、台阶等处设置花坛，不但增加了色彩，还软化了建筑僵硬的线条。花坛也可以作为雕塑、水池的配景，起到衬托的作用。

4. 分隔空间

花坛可以将大空间分隔成小空间，也可以分隔成半开敞和封闭空间，可作为园林设计中空间处理的艺术手段。

5. 组织交通

很多城市的安全岛、分车带、道路交叉口都设置有花坛，可以起到强化分区、分流车辆的作用，同时也可提高驾驶员注意，增加车行、人行的美感与安全感。

三、花坛的分类

1. 按花坛表现主题的不同分类

以花坛表现主题内容不同进行分类，是对花坛最基本的分类方法。可分为花丛式花坛(盛花花坛)、模纹式花坛、标题式花坛、装饰物花坛、立体花坛、混合花坛和造景式花坛。

(1)**花丛式花坛** 花丛式花坛主要表现和欣赏观花的草本植物花朵盛开时花卉本身群体的绚丽色彩，以及不同花色种或品种组合搭配所表现出的华丽图案和优美外观。花丛式花坛依栽植方式分为地栽花卉花坛(图1-0-1)和盆栽花卉花坛(图1-0-2)。

图1-0-1 地栽花卉花坛

图1-0-2 盆栽花卉花坛

(2)**模纹式花坛** 模纹式花坛主要表现和欣赏由观叶或花叶兼美的植物所组成的精美复杂的图案纹样。要求图案纹样细致，有长期的稳定性，能长时间观赏。

(3)**标题式花坛** 标题式花坛主要用观花或观叶植物组成具有明确的主题思想的图案，按其表达主题可以分为文字花坛、肖像花坛、象征性图案花坛等(图1-0-3)。

(4)**装饰物花坛** 装饰物花坛是指以观花、观叶或不同种类配置具一定实用目的的装饰物的花坛，如做成日历、日晷等形式的花坛(图1-0-4)。

(5)**立体花坛** 立体花坛是用细密的植物材料种植于具有一定结构的立体造型骨架上面形成的一种花卉立体装饰。它包括将花卉通过容器固定在造型结构上，组装形成的安装式立体花坛(图1-0-5)，以及通过在立体造型中填充基质，并将植物材料栽植到基质上的栽植式立体花坛(图1-0-6)。

图1-0-3 标题式花坛

图 1-0-4　装饰物花坛

图 1-0-5　安装式立体花坛

图 1-0-6　栽植式立体花坛

(6)混合花坛　混合花坛由2种或2种以上类型的花坛组合而成。例如，盛花花坛和模纹花坛的结合，盛花花坛和立体花坛的结合，花坛与水景、雕塑等结合形成的混合花坛。

(7)造景式花坛　造景式花坛指借鉴园林营造山水、建筑等景观的手法，运用以上花坛形式和花丛、花境、立体绿化等相结合，布置出模拟自然山水或人文景点的综合花卉景观。一般布置于较大的空间。

2. 按花坛的空间位置分类

花坛按照空间位置分类可分为平面花坛、斜面花坛、立体花坛。从观赏角度来说，平面花坛就是以平面为观赏面的花坛。斜面花坛是以斜面为观赏面，经常设置在斜坡处或者搭架构建，很多模纹花坛就属于斜面花坛。立体花坛是从四面观赏，向空间构建的花坛，造型、造景花坛很多属于立体花坛。

3. 按花坛的布局方式分类

(1)独立花坛　作为局部构图中的一个主体而存在的花坛称为独立花坛，因此独立花坛是主体花坛，可以是花丛式花坛、模纹花坛、标题式花坛或装饰物花坛。

(2) *花坛群* 当多个花坛组成不可分割的构图整体时，称为花坛群。花坛之间可以是铺装场地或草坪，排列组合是规则的。花坛群具有构图中心，通常独立花坛、水池、喷泉、纪念碑、雕塑等都可以作为花坛群的构图中心。

(3) *连续花坛群* 许多个独立花坛或带状花坛，呈直线排成一行，组成一个有节奏规律的不可分割的构图整体时，称为连续花坛群。

四、花坛对植物材料的要求

花坛的植物材料选择要建立在了解花卉的生态习性、观赏特性、养护要求等基础上。

1. 花丛式花坛

花丛式花坛的选材以一、二年生花卉为主，也可搭配一些宿根或球根花卉。对植株个体的要求是：株丛紧密、着花繁茂，盛花时能完全覆盖枝叶；花期长，且花期一致；花色明亮鲜艳、变化丰富，最好是纯色；尽量选用矮生品种或通过栽培技术获得的矮化苗；耐移植，管理方便，生长健壮，缓苗快。

主体植物材料可选择金盏菊、三色堇、一串红、金鱼草、半枝莲、雏菊、鸡冠花、羽衣甘蓝、翠菊、美女樱、风信子、郁金香等；中心植物材料可选择一品红、叶子花、苏铁、扫帚草、杜鹃花、凤尾兰等。

2. 模纹花坛和立体花坛

一般选择枝叶细小、株丛紧密、萌蘖性强、耐修剪的观叶植物，通过修剪可以使纹样细腻，株高保持在 5～10cm，并且维持时间长。如五色草类、景天类、四季海棠、非洲凤仙、‘金叶’反曲景天、彩叶草、银叶菊、孔雀草、角堇等。

五、花丛式花坛的设计原则

1. 位置选择

花坛的位置选择既不影响环境本身功能的使用，又要适合植物的生长。

2. 与环境的关系

花坛风格要与建筑、装饰物、乔灌木等构图和谐，花坛的体量不超过广场面积的 1/5～1/3，主体花坛平面轮廓与周围环境统一。

3. 色彩搭配

花坛应有一个主色调，颜色不宜过多，一般花坛 2～3 种，大型花坛 4～5 种。忌颜色过多、过杂。

4. 图案设计

花坛的外部轮廓以几何式为主，内部轮廓不需要太复杂，整体图案简洁，能有明显大色块的效果。

5. 成本及维护

在设计花坛时，要本着节约的原则，该简则简；适地适花，选择维护费用低的花材。

六、花坛的设计图

花坛的设计图一般包括以下几个部分。

1. 总平面图

总平面图主要表达花坛周边的道路、建筑边界线、广场形状及绿地范围等，在总平面图上需要绘出花坛的平面轮廓。因所需表达的面积大小有别，通常可选用 1∶500～1∶100 的比例进行绘制。

2. 花坛平面图及植物材料表

花坛平面图主要表现花坛的图案纹样，常用比例为 1∶50～1∶30。绘出花坛的平面图后，用阿拉伯数字在图上依图案使用的花卉，从花坛内部向外依次编号，并与图旁的植物材料表相对应。表中内容包括花卉的中文名、株高、花色、花期、用花量等。

3. 花坛立面图

单面观、对称的花坛只需要画出主立面图即可。如果是非对称图案，则需要有不同立面的设计图。

4. 设计说明书

简述花坛的主题、构思，并说明设计图中难以表现的内容。文字宜简练，可附在花坛设计图纸内。

七、花坛施工及养护

花坛施工的主要流程是勘察现场、种植床或场地准备、按图纸定点放线、栽植或摆放植物。根据季节和天气情况安排浇水，枯萎的植株要随时更换，对扰乱图案的植物要及时修剪。

八、常用花丛式花坛花卉

1. 鸡冠花

苋科青葙属。一年生草本植物。株高 30～90cm。花多为红色，肉穗状花序大，呈鸡冠状，利用花头组字，效果很好。花期7～10月。喜光，耐半阴，不耐霜冻。不耐瘠薄，喜疏松肥沃和排水良好的土壤(图1-0-7)。

2. 千日红

苋科千日红属。一年生草本植物。株高20～60cm。花色艳丽有光泽，花色有紫色、粉色、白色等，花干后不凋，经久不变。花期7～10月。喜光，耐干热、耐旱，不耐寒，怕积水，喜疏松肥沃土壤(图1-0-8)。

图1-0-7　鸡冠花

图1-0-8　千日红

3. 飞燕草

毛茛科飞燕草属。多年生草本植物，常作一年生栽培。株高35～65cm。花多，花色清丽，有红色、海蓝色、粉色及复色等，色彩独特，引人瞩目。花期5～8月。喜光、喜凉爽、喜通风，花期需充足的阳光(图1-0-9)。

4. 醉蝶花

白花菜科醉蝶花属。一年生草本植物。株高40～60cm，有的品种可达1m以上。生长强健，花型优美别致，花瓣似蝴蝶飞舞，花色娇艳，长长的雄蕊伸出花冠之外，如龙须状。花期7～10月。喜光，亦耐阴，忌寒冷、忌积水(图1-0-10)。

图1-0-9　飞燕草

图1-0-10　醉蝶花

5. 三色堇

堇菜科堇菜属。多年生草本植物，常作二年生栽培。株高 15 ~ 20cm。花色为红、蓝、黄、白、紫及复色等。花期 3 ~ 5 月。其花色瑰丽，株形低矮，适宜作花坛色块。喜光，耐寒，略耐阴，要求肥沃湿润的砂壤土(图 1-0-11)。

图 1-0-11　三色堇

图 1-0-12　美女樱

6. 美女樱

马鞭草科马鞭草属。多年生草本植物，常作一年生栽培。株高 30 ~ 50cm，覆盖性强。多数小花密集排列呈伞房状，花色有紫色、粉色等。花期 6 ~ 10 月。花期长，株形丰满，抗性强。喜光，耐热不耐寒，忌涝，喜肥(图 1-0-12)。

7. 一串红

唇形科鼠尾草属。多年生草本植物，常作一年生栽培。株高 30 ~ 60cm。花冠色彩绚丽，花色有红色、白色、粉色、紫色等，常用红花品种。花期 5 ~ 9 月。一串红花朵繁密，是节日传统用花。喜光，耐半阴，不耐寒(图 1-0-13)。

图 1-0-13　一串红

图 1-0-14　蓝花鼠尾草

8. 蓝花鼠尾草

唇形科鼠尾草属。多年生草本植物，常作一年生栽培。株高 30 ~ 60cm。穗状花序，花序深蓝色至蓝紫色，花小量大。花期 5 ~ 10 月。生长强健，耐病虫害，喜光，不耐阴，耐寒性强(图 1-0-14)。

9. 矮牵牛

茄科碧冬茄属。多年生草本植物，常作一年生栽培。株高 20 ~ 30cm，呈匍匐状蔓生，覆盖面大。色彩斑斓，有紫色、粉色等，花量繁多。株形美观，富于变化。花期 4 ~ 10 月，从修剪到现蕾开花 20 ~ 30 天。喜光，喜温暖，不耐寒(图 1-0-15)。

图 1-0-15　矮牵牛

图 1-0-16　金鱼草

10. 金鱼草

玄参科金鱼草属。多年生草本植物，常作二年生栽培。株高 30 ~ 60cm。花形奇特，花色丰富如红色、粉色、黄色等，为花坛边缘栽植的好材料。花期 3 ~ 5 月。喜光，也能耐半阴，不耐热，较耐寒(图 1-0-16)。

11. 夏堇

玄参科蝴蝶草属。一年生草本植物。株高 20 ~ 40cm。花朵小巧，花色有粉、紫等色，生性强健。花期 7 ~ 10 月，从修剪到现蕾开花 40 天左右。喜光，耐半阴，耐炎热，耐旱，怕积水，耐修剪(图 1-0-17)。

12. 白晶菊

菊科茼蒿属。二年生草本植物。株高 15 ~ 25cm。边缘舌状花银白色，中央筒状花金黄色，色彩分明、鲜艳。株高长到 15cm 即可开花，花期从早春至初夏，盛花期为 3 ~ 5 月。植株低矮而强健，成片栽培效果绚丽，适合早春花坛。喜欢阳光充足而凉爽的环境，在光照不足的环境下开花不良，容易枯死(图 1-0-18)。

图 1-0-17　夏　堇

图 1-0-18　白晶菊

13. 硫华菊

菊科秋英属。一年生草本植物。株高 30～50cm，植株生长健壮。开花繁茂，花色有黄、红、橘黄等色。春播花期 6～8 月，夏播花期 9～10 月。喜光，耐热，不耐寒，耐干旱瘠薄，喜排水良好的砂质土壤。忌大风，宜种于背风处(图 1-0-19)。

图 1-0-19　硫华菊

图 1-0-20　麦秆菊

14. 麦秆菊

菊科蜡菊属。一年生草本植物。株高 50～100cm。花朵色彩绚丽，生长健壮，经久不凋。其花密被蜡膜，花干后不凋落，是制作干花的良好材料。花色有黄、橙、红、粉、白等色。花期 7～9 月。喜温暖和阳光充足的环境，不耐寒，忌酷热(图 1-0-20)。

15. 南非万寿菊

菊科南非万寿菊属。多年生草本植物，常作一年生栽培。株高 20～30cm，花大，花色有白、粉、红、紫红、蓝、紫等色。花期 4～6 月。喜光，中等耐寒，耐干旱，喜疏松肥沃的砂质壤土(图1-0-21)。

16. 万寿菊

菊科万寿菊属。一年生草本植物。常规品种株高40～60cm，整齐度好。花色黄色、橘黄色，花形大，重瓣，花期长，是重要节日花坛用花。花期7～10月。喜光，充足阳光对万寿菊生长十分有利，植株矮壮。万寿菊对土壤要求不严(图1-0-22)。

图1-0-21　南非万寿菊

图1-0-22　万寿菊

17. 百日草

菊科百日草属。一年生草本植物。株高20～30cm，株形美观。花大色繁，花色红、黄、粉、紫等色均有；开花早，花期6～11月。适应性强，耐热，喜光，较耐旱，不耐寒，耐修剪(图1-0-23)。

18. 石竹

石竹科石竹属。多年生草本植物，常作一年生栽培。株高30～50cm。花色有紫红色、粉红色、鲜红色、白色、红白混色等，花朵繁密，花色鲜艳。花期5～9月。耐寒，喜光，耐干旱，不耐酷暑(图1-0-24)。

图1-0-23　百日草

图1-0-24　石　竹

19. 花毛茛

毛茛科毛茛属。多年生草本植物，常作二年生栽培。株高 20～40cm，株姿玲珑秀美。花较大，重瓣，花色艳丽有光泽，花色有红、粉、黄等色。花期 2～5 月。喜半阴、凉爽、通风环境，忌炎热(图 1-0-25)。

图 1-0-25　花毛茛

图 1-0-26　虞美人

20. 虞美人

罂粟科罂粟属。一年生草本植物。株高 25～90cm。花色有白、粉、红等色，花期 4～7 月。花大艳丽，姿态轻盈动人，适用于早春花坛。耐寒，怕暑热，喜阳光充足的环境，喜排水良好、肥沃的砂壤土，不耐移栽(图 1-0-26)。

21. 非洲凤仙

凤仙花科凤仙花属。多年生草本植物，常作一年生栽培。株高 25～40cm。花色丰富艳丽，有红、白、橙等色。开花整齐，花朵繁多，株形紧凑，耐高温，适合夏季花坛及色块布置。花期 6～10 月。耐热，不耐寒、不耐旱，耐修剪，宜疏松、肥沃的土壤(图 1-0-27)。

图 1-0-27　非洲凤仙

图 1-0-28　长春花

22. 长春花

夹竹桃科长春花属。多年生草本植物，常作一年生栽培。株高 20～35cm。花粉、红、紫、白等色，花开繁茂。花期 5～10 月，从春到秋花开不断。耐热性强，喜阳光充足，不耐寒，耐修剪，忌水湿(图 1-0-28)。

23. 绵毛水苏

唇形科水苏属。多年生草本植物，常作一年生栽培。株高 20～40cm，枝与叶均密被灰白色丝状绵毛，质感独特，整个生长季都是观赏期。喜光、耐热、耐寒、耐旱，不择土壤(图 1-0-29)。

图 1-0-29　绵毛水苏

图 1-0-30　银边翠

24. 银边翠

大戟科大戟属。一年生草本植物。株高 50～70cm。顶部叶色呈银白色，与下部绿叶相映，犹如青山积雪，如与其他颜色的花卉配合布置，更能发挥其色彩之美，为良好的花坛背景材料。喜温暖向阳之处，耐干旱，不耐寒。对土壤要求不严，但在疏松肥沃的土壤长势更好(图 1-0-30)。

25. 羽衣甘蓝

十字花科甘蓝属。二年生草本植物。株高 20～30cm，开花时可达 80～100cm。羽衣甘蓝的观赏品种很多，植株形成莲座状叶丛，叶片形态美观多变，色彩绚丽如花。在北京观赏期为 9～11 月。喜冷凉气候，极耐寒，不耐涝。可忍受多次短暂的霜冻，耐热性也很强，生长势强，栽培容易，喜光，耐盐碱，喜肥沃土壤(图 1-0-31)。

26. 金盏菊

菊科金盏菊属。二年生草本植物。株高 30～60cm，花金黄色或橘黄色。花期

图 1-0-31　羽衣甘蓝

图 1-0-32　金盏菊

4～6 月。喜光照，对土壤要求不严，可在干旱、疏松肥沃的碱性土中生长良好，耐瘠薄（图 1-0-32）。

27. 耧斗菜

毛茛科耧斗菜属。多年生草本植物，常作一年生栽培。株高 50～70cm。花色多变，有粉、紫、白、黄等色，花形奇特优美。花期 5～6 月。在半阴处生长最好。喜凉爽气候，忌夏季高温暴晒，性强健而耐寒，喜富含腐殖质、湿润而排水良好的砂质壤土（图 1-0-33）。

图 1-0-33　耧斗菜

图 1-0-34　勋章菊

28. 勋章菊

菊科勋章菊属。多年生草本植物，常作一年生栽培，丛生状。株高 15～40cm。花瓣黄、粉、白、橙等色，基部棕黑色，整个花序斑纹放射状，如勋章；白天在阳光下开放，晚上闭合。花期 4～10 月。喜温暖向阳的气候环境，喜排水良好、疏松肥沃土壤，不耐冻，忌高温、高湿与水涝（图 1-0-34）。

29. 藿香蓟

菊科藿香蓟属。多年生草本植物，常作一年生栽培。株高 15 ~ 25cm，株丛繁茂，株形紧凑。花色淡雅，花色有粉蓝、浅蓝、白等色，多花美观。花期 6 ~ 10 月。喜湿润或半干燥的气候环境，不耐寒，喜光，耐微阴，喜肥沃疏松土壤（图 1-0-35）。

图 1-0-35　藿香蓟

图 1-0-36　四季海棠

30. 四季海棠

秋海棠科秋海棠属。多年生草本植物，常作一年生栽培。株高 15 ~ 30cm，姿态优美，叶色娇嫩光亮，花朵成簇。花色有红、粉、白等色，在北京春、夏、秋三季可用，稍带清香。喜阳光，稍耐阴，怕寒冷，喜温暖，但怕热及水涝（图 1-0-36）。

任务一　地栽花卉花坛设计与施工

【任务描述】

为迎接国庆节的到来，烘托热烈的节日氛围，某城市公园要在主景区布置地栽花卉花坛。现在要求根据所处地块的地形环境，进行地栽花坛的设计，绘制相应的图纸，并进行施工。

【任务目标】

1. 掌握地栽花卉花坛的设计流程及方法；掌握地栽花坛种植及栽后养护的相关知识。

2. 能够进行简单的地栽花卉花坛的设计及施工。

3. 能具备耐心、细心、吃苦耐劳、节约资源的职业素养。

【任务流程】

绘制图纸—施工准备—种植床准备—栽植施工—栽后养护

一、绘制图纸

1. 总平面图

此次要设计的花坛位于某建筑前的绿地内，为 2 块带状的绿地。带着皮尺、草稿纸和铅笔，到现场进行踏勘和测量。观察周围环境，对照着现场环境勾勒草图，草图要表达出花坛四周的环境要素和特点。根据花坛的大小，本次设计使用 A3 图纸。取一张 A3 图纸，绘制好图框和标题栏，注意构图，将实测草图按照 1∶200的比例绘制在图纸上，形成花坛总平面图，并标好指北针。花坛设计图也可以用计算机绘图，绘制比例为 1∶1，施工时按需要的比例打印即可，本案图纸就是用计算机绘制的。

2. 平面图与植物材料表

因为设计主题为“欢度国庆”，所以采用音乐符号来表达人们欢乐愉悦的心情，在花卉选择方面，以花色鲜明艳丽的一年生草花为主。

构思好花坛主题后，开始绘制花坛的图案纹样，并在平面图中标明所用植物(图 1-1-1)。完成植物材料表，表中内容包括花卉的植物名称、株高、花(叶)色、花期、用量等(表 1-1-1)。

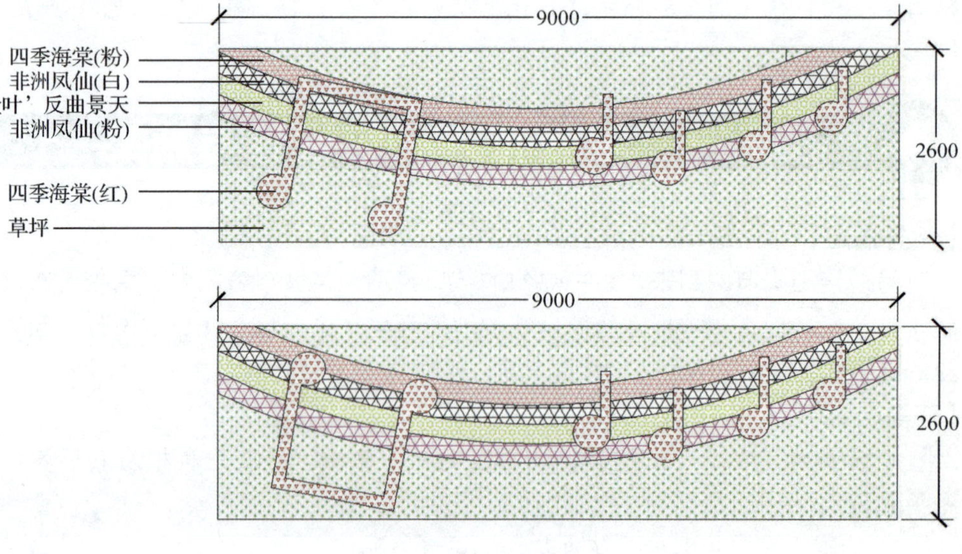

图 1-1-1　花坛平面图

表 1-1-1　植物材料表

序号	植物名称	花(叶)色	花期	株高(cm)	用量(株)
1	四季海棠	粉色	5~10 月	20	2100
2	四季海棠	大红	5~10 月	20	2100
3	非洲凤仙	白色	5~10 月	20	4200
4	非洲凤仙	玫红	5~10 月	20	3400
5	‘金叶’反曲景天	黄色	观叶	20	2100
6	草坪	绿色	观叶	15	$35m^2$

3. 设计说明

将花坛的设计过程和构思整理后写成设计说明，具体如下：

此节日花坛位于公园某建筑前的台阶中间，花坛所在绿地稍微有些坡度，适合在平地观赏，也适合在台阶上观赏。2 个花坛所在绿地的尺寸均为 2.6m×9m，呈带状。恰好设计的主题是“庆祝国庆”，需要烘托节日气氛，因此非常适合设计音乐符号的图案，音乐符号寓意着欢乐、愉快。此次花坛的主色调为欢快的红、黄色，用白色过渡，主要花材为四季海棠、非洲凤仙和金叶反曲景天。

二、施工准备

拿着设计图纸到现场，查看施工时可以临时摆放花材的位置，提前安排好场地。花材入场后，清查数量，摆放整齐待用。准备好施工用到的工具和材料，具体有：铁锹、木桩、白灰、剪枝剪、手套等。

三、种植床准备

1. 整地

草本花卉栽植所用的土壤必须疏松、深厚、肥沃。因此，种植前要先整地，深翻 30~40cm，除去石头、植物根茎及其他杂物，并施加适量肥性好、持久性强、已腐熟的有机肥作为基肥。最后将种植床耙平待用。

2. 定点放线

定点放线是指根据设计图纸按比例放样于地面的过程。本案的图案较精细，通常用网格法放线。即在图纸上找出一个固定点(如台阶)为基准点，按一定比例在图纸上画出网格。然后在种植床内找到相应的固定点，按比例放出等距离的方格网，再根据每个网格内的形状按比例放样于种植床。放线时要注意先后顺序，避免踩坏已经做好的标记。

四、栽植施工

1. 栽植过程

对照图纸，在相应的种植范围内种植对应的花卉。种植时，先用花铲挖一个种植穴，将花卉带着土球小心地从临时的营养钵中取出，直立地放在种植穴中央，让土球底部与种植穴底部稳定接触，土球表面与种植穴表面齐平。然后在土球与种植穴的空隙处填入土壤，并从四周向中间镇压，注意避免将土球压碎。种植花卉时，按照从后往前、从左往右的顺序栽植。

2. 栽植密度

花卉的种植密度要视实际需要和花卉的规格而定。如这次的国庆花坛建植时间在9月中下旬，距离主要观赏期时间比较短，栽植的密度要适当紧密一些。一般来说，盆径在12cm左右的花卉，$1m^2$种植25株；盆径在10cm左右的花卉，$1m^2$种植36株；盆径在8cm左右的花卉，$1m^2$种植49株。本案花卉的盆径均约10cm，所以种植密度基本在$1m^2$ 36株左右。如果距主要观赏期时间较长，可以适当加大株行距，在种植时留有适当的生长空间，以利于花卉的后期生长。

3. 补种草坪

将花坛以外的部分种植草坪。铺好草坪卷，进行滚压，使草根和土壤紧密接触，及时浇水，促进草根生长。

4. 清理现场

将施工现场的枯枝败叶等各类垃圾集中成堆，清理运走。将施工现场所有的工具、材料等收集整理、清理干净、分别归位，收好多余的花材。

五、栽后养护

1. 浇水

浇水的时间及次数要根据季节和天气情况具体而定。一般每天浇水的时间，应安排在10:00前或14:00后。如果一天只浇一次，则安排在傍晚前后为宜；忌在中午气温高、阳光直射的时间浇水，因为这时土壤温度高，一浇冷水，土温骤降，对花卉生长不利。每次浇水量要适度，既不能浇不透，也不能水量过大。土壤经常过湿，会造成花根腐烂。浇水时应控制流量，不可太急，避免冲刷土壤。

2. 施肥

草花所需要的肥料，主要依靠整地时所施入的基肥。在定植后的生长过程中，也可根据需要进行追肥。追肥时，千万注意不要污染花、叶。施肥后应及时浇水。

3. 中耕除草

花坛内的杂草与花卉争肥、争水，既妨碍花卉的生长，又影响观赏效果。所以，发现杂草要及时清除。为了保持土壤疏松，还应经常中耕松土。但中耕深度要适当，不要损伤花根。中耕后的杂草及残花败叶要及时清除掉。

4. 修剪

为保证花丛茂密、健壮以及保持花坛的整洁、美观，应随时清除残花败叶，定期修剪。在花期应每周剪除残花 2 ~ 3 次。对花坛外部的草坪也要视其生长情况进行定期修剪。

5. 补植

花坛内如果有枯萎的植株，应及时补植，以保持花坛内的花卉完整无缺。补植花卉的品种、规格都应和花坛内的花卉一致。

【思考与讨论】

1. 在实测场地时，要实测哪些内容？
2. 进行花坛色彩设计时，需要考虑哪些因素？

【技能考核】

一、考核评分表

项　目	绘制图纸	施工准备	种植床准备	栽植施工	栽后养护
分　值	30	10	20	30	10
实际得分					
总　分					

二、考核内容及评分标准

1. 绘制图纸(30 分)

(1)能准确测量花坛的周围环境，绘制出总平面图；能构思花坛的立意，并绘制出平面图，完成苗木表和设计说明；绘图符合制图标准；能够根据花坛的图案、季节选择正确的花材。(22 ~ 30 分)

(2)基本能准确测量花坛的周围环境，基本能绘制总平面图；基本能构思花坛的立意，基本能绘制出平面图，完成苗木表和设计说明；绘图基本符合制图标准；基本能够根据花坛的图案、季节选择正确的花材。(13 ~ 21 分)

（3）未能准确测量花坛的周围环境，未能绘制出总平面图；未能构思花坛的立意，未能绘制出平面图，未能完成苗木表和设计说明；绘图不符合制图标准；未能根据花坛的图案、季节选择正确的花材。（0～12 分）

2. 施工准备（10 分）

（1）能够勘察施工现场，保障花材入场顺利，安排合理；施工工具及材料准备齐全。（8～10 分）

（2）能勘察施工现场，基本保障花材入场，安排较合理；施工工具及材料准备较齐全。（4～7 分）

（3）未能正确勘察施工现场，不能保障花材入场，安排不合理；施工工具及材料准备不全。（0～3 分）

3. 种植床准备（20 分）

（1）能按要求进行深翻土壤和施基肥并耙平；能够根据图纸找到参照点，能确定花坛的轮廓及细部图案。（14～20 分）

（2）基本能按要求进行深翻土壤和施基肥，基本能够耙平；基本能根据图纸找到参照点，基本能确定花坛的轮廓及细部图案。（8～13 分）

（3）未能按照要求进行深翻土壤和施基肥，未能耙平；未能根据图纸找到参照点，未能确定花坛的轮廓及细部图案。（0～7 分）

4. 栽植施工（30 分）

（1）能够正确按照图案进行栽植，栽植方法正确，按照正确的栽植顺序进行栽植；能够及时收拾好施工工具，安置好多余的花材，把现场的垃圾清理干净。（22～30 分）

（2）基本能够按照图案进行栽植，栽植方法基本正确，基本能够按照栽植顺序进行栽植；基本能收拾好施工工具和安置好多余的花材，基本能把现场的垃圾清理干净。（13～21 分）

（3）不能正确按照图案进行栽植，栽植方法不正确，不能按照栽植顺序进行栽植；不能及时收拾好施工工具和安置好多余的花材，不能把现场的垃圾清理干净。（0～12 分）

5. 栽后养护（10 分）

（1）能适时适量浇水，定期除草，定期进行修剪，及时补植。（8～10 分）

（2）基本能适时适量浇水，基本能定期除草，基本能定期进行修剪，基本能及时补植。（4～7 分）

(3)不能适时适量浇水，不能定期除草，不能定期进行修剪，不能及时补植。(0 ~ 3 分)

任务二 盆栽花卉花坛设计与施工

【任务描述】

9 月，为了迎接国庆节的到来，烘托节日氛围，北京市某城市公园要在主出入口绿地旁摆放一个盆栽花卉花坛。请根据所处地块的地形环境绘制相应的图纸，并进行施工。

【任务目标】

1. 掌握盆栽花卉花坛的设计流程及方法；掌握盆栽花卉花坛种植及栽后养护的相关知识。

2. 能够进行简单的盆栽花卉花坛的设计及施工。

3. 能具备耐心、细心、吃苦耐劳、节约资源的职业素养。

【任务流程】

绘制图纸—施工准备—花坛施工—花坛养护

一、绘制图纸

1. 总平面图

此次要设计的花坛位于某公园的出入口，带着皮尺、草稿纸和铅笔，到现场进行踏勘和测量。观察周围环境，对照着现场环境勾勒草图，草图要表达出花坛四周的环境要素和特点，如绘制出花坛周边的园路、广场及绿地等。

根据花坛的大小，本次设计使用 A3 图纸。取一张 A3 图纸，绘制好图框和标题栏，注意构图，将实测草图按照 1∶200 的比例绘制在图纸上，形成花坛总平面图，并标好指北针。花坛的设计图也可以用计算机绘图，绘制比例为 1∶1，施工时按需要的比例打印即可。本案图纸均用计算机绘制。

2. 平面图、立面图与植物材料表

绿地边缘是直线型的，正面看过去直线有些僵硬，顺应绿地边缘，可做一个半圆形的花坛。

花坛的背景植物主要有华山松、白皮松等，都是针叶树，颜色比较单一，因此花坛需要亮色，甚至是对比色，此季节主要的红色花材有叶子花、一串红、鸡冠花等。为了与后面的华山松、白皮松、圆柏衔接，可选佛肚竹、菲白竹和桂花

等。为了增加色彩的丰富程度，又能和红色、绿色相协调，可选用黄色系的小菊和孔雀草等花卉(图 1-2-1)。花坛地处平坦的地段，需要利用植物的株高差来营造高低错落的自然效果。

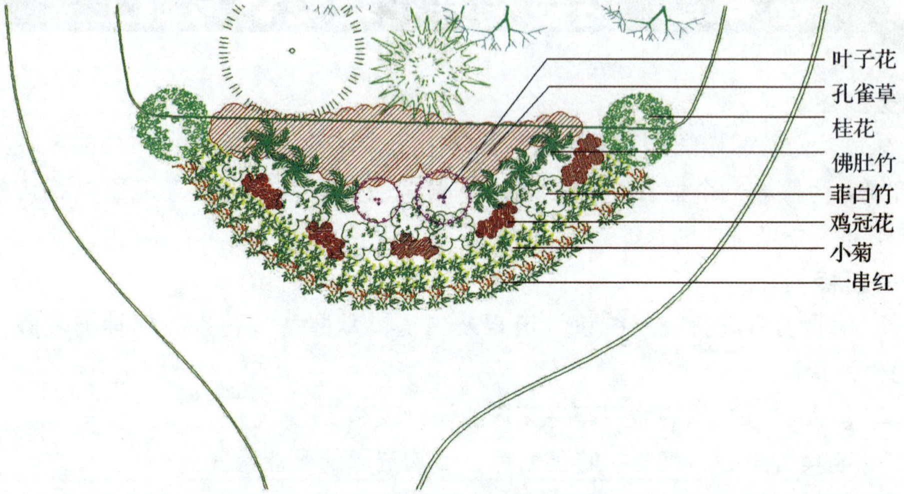

图 1-2-1　花坛平面图

经过上述分析，开始绘制花坛的图案纹样。图案设计力争线条简明流畅，并注意用过渡色将同色调的花卉间隔开来。图案绘制好后，标好植物名称，写出植物材料表。表中内容包括花卉的植物名称、株高、花色、花期、用花量等。可根据需要绘制立面示意图(图 1-2-2)。

图 1-2-2　花坛立面图

3. 设计说明

将花坛的设计过程和构思整理后写成设计说明，具体如下：

本次盆栽花卉花坛的地点在某公园东门内广场上，东门是主要出入口，游人进入公园后就能观赏到这个盆栽花坛。花坛面积约 $100m^2$，花坛正东是一个面积约 $600m^2$ 的广场，是观赏花坛的主要地点。此节日花坛主要为庆祝国庆，烘托国庆热烈的节日气氛，因此在花卉选择上，以花色彩鲜明艳丽的花卉为主，用少量冷色调花卉调节。花坛所处的位置地形平整，因此需要利用植物的株高差来营造观赏效果。在花坛中选用了几组高度适中、叶色条纹美丽的菲白竹来确定花坛的主体高度，选用了观赏价值较高的佛肚竹和秋香宜人的桂花作为背景，选用色彩明艳的鸡冠花、小菊、孔雀草来提亮花坛整体色调，选用花色玫红、株形美丽的叶子花作为花坛的焦点，选用花色鲜红、花序整齐的一串红作为镶边花卉。

二、施工准备

拿着设计图纸到现场，查看施工时可以临时摆放花材的位置，提前安排好场地。运送花材，花材入场后，清查数量，摆放整齐待用。准备好施工用到的工具和材料，具体有：铁锹、木桩、粉笔、剪枝剪、浇水皮管、手套等。因在公园入口施工，需提前拉好警戒线。提前将镶边花卉一串红的花盆由黑色营养钵换成较美观的塑料盆待用。

三、花坛施工

1. 定点放线

因花坛图案相对自然，所以采用网格法进行定点放线。在花坛平面图上找到花坛直角边的一个顶点作为固定点，按一定比例和尺寸在图纸上画出网格。然后在花坛摆放处找到相应的固定点，按比例放出等距离的方格网，并用粉笔画出。接下来根据每个网格内的形状按比例放样于广场，具体放线顺序是先标出盆栽花坛整体的轮廓线，然后再点出佛肚竹、叶子花、桂花摆放的位置，最后再确定每种花卉摆放的范围和形状。

2. 盆栽花卉摆放

在摆放盆栽花卉时，花坛中的内侧植物要略高于外侧，由内而外自然、平缓地过渡。先摆放焦点植物，把佛肚竹、叶子花、桂花摆好，由于是焦点花，摆放时要特别注意选择姿态优美、株高协调的个体；然后摆放最靠近焦点植物的菲白竹，本案中有的菲白竹较矮，采用了垫砖的方法来弥补，使整个花坛表面线条流

图 1-2-3　施工完成效果

畅；再按图纸范围顺序摆放鸡冠花、小菊、孔雀草；最后摆放镶边植物一串红，并用塑料小栅栏装饰花坛边缘(图 1-2-3)。

3. 清理现场

将施工现场的枯枝败叶等各类垃圾集中成堆，清理运走；将施工现场所有的工具、材料等收集整理并清理干净，分别归位；收好剩余的花材。

四、花坛养护

盆栽花卉花坛中的管理相对比较简单。主要的养护工作为：一是浇水。盆栽花一定要保持水分的充足，尤其是在炎热、蒸腾量大的夏、秋季，一天要浇足1～2遍水。每天浇水的时间一般应安排在 10:00 前或 14:00 后，忌在中午气温高、阳光直射的时间浇水。二是更换盆花。花坛内如果有缺苗现象，应及时更换，以保持花坛图案完整无缺。更换盆花的品种、规格都应和花坛内的花卉品种保持一致。

【思考与讨论】

1. 盆栽花卉花坛的边缘怎么处理?
2. 设计盆栽花卉花坛时，如何做到与周边环境协调?

【技能考核】

一、考核评分表

项　目	绘制总平面图	绘制平面图	花材选择	定点放线	摆放施工	花坛养护
分　值	15	20	15	15	25	10
实际得分						
总　分						

二、考核内容及评分标准

1. 绘制总平面图(15 分)

(1)能够准确测量盆栽花卉花坛所在的环境，数据准确，并能够根据数据绘制总平面图。(11～15 分)

(2)基本能够测量盆栽花卉花坛所在的环境，数据基本准确，并能够根据数据绘制总平面图。(6～10 分)

(3)不能测量盆栽花卉花坛所在的环境，数据不准确，不能够根据数据绘制总平面图。(0～5 分)

2. 绘制平面图(20 分)

(1)能够根据环境图构思花坛的立意和图案，能把设计的花坛正确地绘制出来。(14～20 分)

(2)基本能够根据环境图构思花坛的立意和图案，基本能把设计的花坛绘制出来。(8～13 分)

(3)未能根据环境图构思花坛的立意和图案，未能把设计的花坛绘制出来。(0～7 分)

3. 花材选择(15 分)

(1)能够根据花坛的图案、季节选择正确的花材。(11～15 分)

(2)基本能够根据花坛的图案、季节选择较合适的花材。(6～10 分)

(3)未能根据花坛的图案、季节选择花材。(0～5 分)

4. 定点放线(15 分)

(1)能够根据图纸找到参照点，能确定花坛的轮廓及细部图案。(11～15 分)

(2)基本能够根据图纸找到参照点，基本能确定花坛的轮廓及细部图案。

(6 ~ 10 分)

(3)未能根据图纸找到参照点，未能确定花坛的轮廓及细部图案。(0 ~ 5 分)

5. 摆放施工(25 分)

(1)能够正确按照图案进行摆放，花坛效果好；能够做到场光地净。(17 ~ 25 分)

(2)基本能够按照图案进行摆放，花坛效果较好；基本能够做到场光地净。(9 ~ 16 分)

(3)未能按照图案进行摆放，花坛效果不好；未能做到场光地净。(0 ~ 8 分)

6. 花坛养护(10 分)

(1)能适时适量浇水，定期除草，定期进行修剪，及时补植。(8 ~ 10 分)

(2)基本能适时适量浇水，基本能定期除草，基本能定期进行修剪，基本能及时补植。(4 ~ 7 分)

(3)未能适时适量浇水，未能定期除草，未能定期进行修剪，未能及时补植。(0 ~ 3 分)

单元二
立体花坛施工

单元介绍

立体花坛是相对于平面花坛而言的，是一种越来越流行的植物造景手法。城市绿化中的立体花坛，是园林绿化景观造景艺术的点睛之笔。立体花坛观赏性强，在美化城市人居环境、丰富城市文化内涵、提升绿化景观品位方面都发挥了很大的作用，人们越来越重视立体花坛在城市街景中的应用程度。

本单元主要讲述立体花坛的概念、分类、设计和施工等内容。通过安装式立体花坛施工、栽植式立体花坛施工两个任务，讲述立体花坛施工的全过程。

单元目标

知识目标：掌握立体花坛的概念、分类、灌溉系统等相关知识，掌握立体花坛施工程序；了解立体花坛的设计过程。

能力目标：能够进行简单立体花坛的施工和养护。

情感态度价值观：培养吃苦耐劳的精神和认真严谨的学习态度；培养节约、环保意识。

单元引导

一、立体花坛的概念

立体花坛又名"植物马赛克"。它是以植物为主要表现材料的空间造型艺术，巧妙运用各种不同特性的植物，种植在二维或三维立体钢架上，创造出各具特色的艺术形象。随着制作技术的发展与植物材料的不断更新，立体花坛呈现出更丰富的造型、更丰富的色彩、更完美的表现。

二、立体花坛的功能

1. 渲染气氛

立体花坛灵活多变，能在较短时间内创造出具有视觉冲击力和感染力的植物景观。在盛大节日期间增设的花坛，能使城市面貌焕然一新，成为城市中一道亮丽的风景线，吸引众多游客的眼球，烘托出喜庆热烈的节日气氛。

2. 美化环境

立体花坛以独特的造型、艳丽的色彩、灵活的形式，最大限度地开拓了植物材料的表现力，为城市增色添彩，美化了城市环境，渲染了城市景观，在城市建设中具有独特的美化装饰作用(图 2-0-1)。

图 2-0-1　装点草坪的立体花坛

3. 科普教育

立体花坛以鲜明的主题和生动的造型，拉近人与自然的距离，在营造景观的同时寓教于乐，在地域文化、生态保护等方便起到了一定的宣传教育作用。

4. 展示文化

立体花坛是园林设计中的重要内容，起着塑造城市景观特色及个性、体现城市文化氛围的重要作用。在现代城市中，立体花坛作为传播媒介，反映了城市文化、地域特色，充分表现了城市文化的特点和品质(图 2-0-2)。

图 2-0-2 主题为“民族服饰”的立体花坛

三、立体花坛的分类

立体花坛包括将花卉通过容器固定在造型结构上组装形成的安装式立体花坛，以及通过在立体造型中填充基质，并将植物材料栽植到基质上的栽植式立体花坛。

四、立体花坛的设计

立体花坛的设计过程主要有踏勘方案设计、骨架设计、植物设计、灌溉设计等。立体花坛设计的原则是安全性和主题性，即一切以安全为前提，确保无安全隐患，还要根据表现内容，结合现状条件，立意在先，创意性表现主题。植物选择原则是：植株低矮、花朵密集、连续开花、抗逆性强，如五色草类、长寿花、四季海棠、彩叶草等。

五、立体花坛的灌溉系统

立体花坛的灌溉系统一般分为喷灌系统、滴灌系统和渗灌系统。安装式立体花坛宜选用滴灌系统；栽植式立体花坛宜布设渗灌系统，在造型顶部、表面及边缘等水分蒸发量大、保水性差的部位可补充喷灌系统。

1. 灌溉水源

一般用城市供水系统作为水源。水源水质应满足灌溉水质标准的要求。

2. 首部枢纽

首部枢纽的作用是从水源取水，进行加压、水质处理、肥料注入和系统控制。一般包括过滤器、逆止阀、压力表，以及首部控制系统，如自动灌溉控制器、手动球阀控制装置等。

3. 管网

管网的作用是将水输送并分配到需要灌溉的花卉区域。管网由不同管径的管道组成，如干管、支管、毛管等，通过各种相应的管件、阀门等设备将各级管道连接成完整的管网系统。花坛灌溉系统的管网多采用施工方便的 PE 输水管。

4. 灌水器

不同的灌溉系统对应的灌水器是不一样的，详见表 2-0-1。

表 2-0-1　灌水器名称及特点

灌溉系统	灌水器名称	特　　点
喷灌系统	微喷头	微喷头的工作原理是将水从微喷头中喷洒成微小的水滴进行灌溉。全圆或扇形喷洒，喷洒雨滴大小均匀；雾化效果好，有降温加湿作用
滴灌系统	16 通滴箭	16 通滴箭为多出口迷宫稳流式灌水器，应用灵活方便，灌溉均匀性好、安全性高。其特点是箭头短小，流量小、精度高
渗灌系统	渗灌管	渗灌管为废橡胶颗粒合成的软管，有较强的自由度与抗堵性。水分从颗粒的缝隙中呈汗状发散出来。一般常用外径 12mm 与 16mm 的管。其出水不同于其他灌溉材料，出水点较多，对土壤的浸润效果好，但没有稳流作用，首端需配合稳流器使用

六、立体花坛的施工

1. 施工原则

(1)安全性　需将安全原则贯穿至整个项目实施阶段，包括前期设计、施工、养护、更换等各个阶段，安全是第一要务。

(2)质量控制　既包括对最终花坛的质量效果要求，也包括实施环节中的管理质量。

(3)进度控制　根据甲方要求及自身准备，制订详细的进度计划(包含合理的人、材等的配置)，确保按时完成项目，同时需要根据现场的各种情况及时变更调整计划。

(4)成本控制　在前 3 个要素的基础上要最大程度地节约资源和成本。

2. 施工流程

立体花坛施工的主要流程是骨架运输、骨架安装、灌溉系统安装、植物安装或栽植、花坛养护。

七、立体花坛的发展趋势

综合运用各种新技术、新材料、新工艺，对立体花坛的布局进行科学规划，对花坛进行科学施工；立体花坛的生态效益与社会效益、经济效益的相互结合、相互作用将更为紧密，在经济发展、物质与精神文明建设中发挥更大、更广的作用；各城市既保持自己的传统与特色，又向其他城市乃至国外借鉴，取长补短；立体花坛以绿色植物为基础，其发展将越来越体现生态化趋势。

八、常用立体花坛花卉

立体花坛中经常使用的花卉有非洲凤仙、四季海棠、矮牵牛，这些在上个单元已有介绍。除此之外，还有以下几种：

1. 彩叶草

唇形科鞘蕊花属。多年生草本植物，常作一年生栽培。其株形美观、色彩多样、繁殖简便、易于造景。叶色有黄、红、紫、绿等色。喜光，适应性强，耐修剪，不耐寒，光线充足能使叶色鲜艳(图 2-0-3)。

2. 五色草

苋科虾钳草属。多年生草本植物，常作一年生栽培。植株多矮小，枝叶茂

图 2-0-3　彩叶草

图 2-0-4　五色草

密，叶色鲜艳，有紫红色、红色及绿色。耐修剪，是布置模纹花坛的好材料。喜光，略耐阴，喜温暖湿润环境(图 2-0-4)。

3. 银叶菊

菊科千里光属。多年生草本植物，常作一年生栽培。正、反面均被银白色柔毛，远看像一片白云，与其他色彩的纯色花卉配置，效果极佳。喜温暖、喜光，较耐旱，怕水湿，不耐寒，耐修剪(图 2-0-5)。

图 2-0-5　银叶菊

图 2-0-6　金叶薯

4. 金叶薯

旋花科番薯属。多年生草本植物，常作一年生栽培。茎略成蔓性。叶金黄色。耐热，怕寒，喜欢温暖和湿润的气候，喜欢排水良好的砂质壤土(图 2-0-6)。

5. 金叶佛甲草

景天科景天属。多年生草本植物，为佛甲草的变种。植株低矮，匍匐地面生

图 2-0-7　金叶佛甲草

图 2-0-8　角　堇

长，高 10 ~ 20cm。叶片金黄色。开金黄色花，花期 5 ~ 6 月。耐旱性极强。枝叶生长茂盛，覆盖地面能力强、速度快，繁殖容易(图 2-0-7)。

6. 角堇

堇菜科堇菜属。多年生草本植物，常作二年生栽培。植株整齐，花朵较三色堇繁密。开花早，花期 3 ~ 6 月。色彩丰富，耐热性较三色堇好(图 2-0-8)。

7. 孔雀草

菊科万寿菊属。一年生草本植物。花重瓣，色彩纯正艳丽，有黄色、橘黄色。花期长，为 6 ~ 10 月，是节日用花的主要品种。喜光，但在半阴处栽植也能开花。对土壤要求不严，既耐移栽，又生长迅速，栽培管理容易(图 2-0-9)。

8. '金叶'反曲景天

景天科景天属。多年生草本植物。叶片金黄色。观赏期为 3 ~ 11 月。耐寒、耐旱性好，是优良的地被植物，适合图案、组字、坡面、屋顶绿化等应用(图 2-0-10)。

图 2-0-9　孔雀草

图 2-0-10　'金叶'反曲景天

任务一　安装式立体花坛施工

【任务描述】

为了增加校门口绿地的景观效果，学校后勤服务中心在校门口绿地中安置了2个拱形立体花坛钢骨架。请根据图纸，完成卡盆花材安装、滴灌设备安装等任务，然后进行日常的养护管理工作。

【任务目标】

1. 能够按照图纸施工，正确地安装卡盆。
2. 能够在正确的位置安装滴灌设备。
3. 能够进行日常养护工作。
4. 在施工过程中，领悟吃苦耐劳、节约资源的职业精神。

【任务流程】

施工准备—卡盆及灌溉设备安装—地面花材摆放—施工后养护

一、施工准备

1. 现场踏勘

拿着设计图纸到现场踏勘，对照现场仔细读图。查看花拱钢骨架的构造、水源的位置，查看施工时花材可以临时摆放的位置(图2-1-1至图2-1-3)。

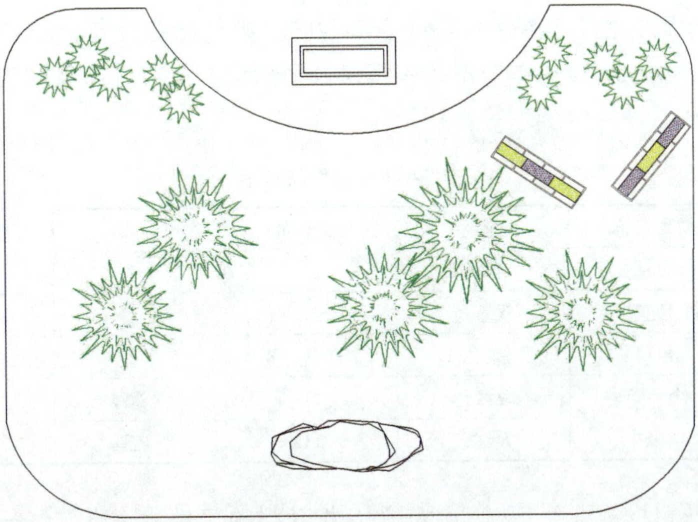

图2-1-1　花坛总平面图

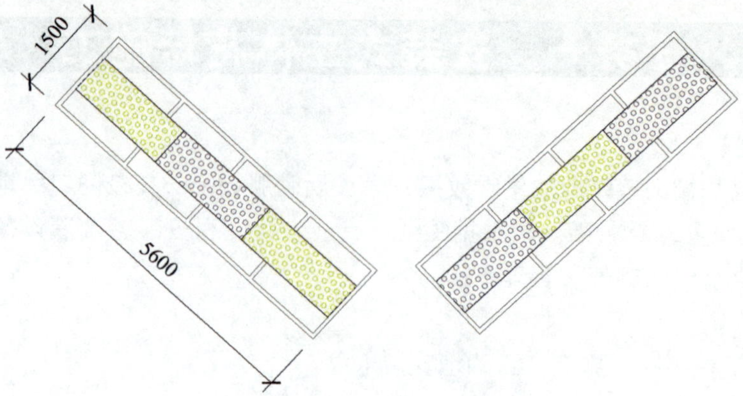

图 2-1-2　花坛平面图

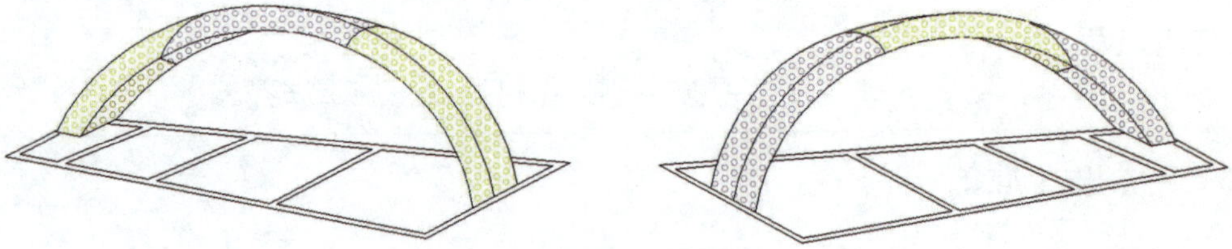

图 2-1-3　花坛效果图

2. 花材准备

根据花拱设计图和植物材料表(表 2-1-1)，提前准备好花材。花拱使用的花材角堇是带卡盆的，需要提前跟花卉销售公司预定。花卉运输至施工现场后，要对花材进行清点，并做浇水等养护工作。

表 2-1-1　植物材料表

序号	植物名称	花色	规格(cm)	容器	用量(株)
1	角堇	黄色	11	卡盆	600
2	角堇	浅紫色	11	卡盆	600
3	角堇	紫色	11	卡盆	600
4	金鱼草	玫红色	11	营养钵	900
5	矮牵牛	大红色	11	营养钵	600

营养钵花材换成卡盆花材的过程为：把花材的营养钵摘掉，用一个长、宽为 40cm × 10cm 的海绵条将花材的根系包好，在卡盆底部垫一块 10cm × 10cm 的海

绵，把用海绵包好的花材放入卡盆内，最后把卡扣扣上。

3. 其他施工材料及工具准备

先将在施工中使用的主管 DN32（图 2-1-4）、16 通、打孔器（图 2-1-5）、三通、丝堵、铁丝、手套等工具准备好，并带至现场。

图 2-1-4　主　管

图 2-1-5　打孔器

二、卡盆及灌溉设备安装

1. 安装主管

分别在 2 个花拱的拱身处安置主水管，从一个端头引入主管，沿着拱身，将主管拉到另一个端头，靠近水源的一端留出足够的长度，以便连接水源。主管位置确定好后，用铁丝将其固定在立体骨架上（图 2-1-6）。2 个花拱合用一个水源，因此 2 个花拱主管远离水源的那端用丝堵堵好，以免跑水，近端用一个三通相连，并与水源相连。

2. 安装滴灌和卡盆

在安装时，按设计图纸上的图案，用粉笔在花拱骨架上描出来。在施工过程中选择枝叶饱满、健康、无病虫害、冠幅均匀的较大植株。

在施工之前，先在 16 通的小直通和分水器之间安装一个 30 ~ 50cm 的软管。用打孔器在主管上打孔（图 2-1-7），将小直通的另一端安装在主管上待用。将带卡盆的花材塞到花坛预留的圆孔中，听到“咔哒”声时，表明卡盆已经安装到位，在卡盆合适的位置插入一个滴头（图 2-1-8），不可有遗漏，否则会造成花材因缺水死亡。以此类推，边安装 16 通，边安装卡盆，直到完成整个花坛施工（图 2-1-9）。

由于花拱的形状特殊，每个卡盆的角度位置都不一样，应注意滴头安装的位置，需要安装在植物根系上部，这样有利于水往下渗透，有利于根系的吸水。在卡盆安装过程中，注意保护花材，不能造成机械损伤。注意转动花材的角度，使得花材冠幅互相搭接，尽量遮住钢骨架。

图 2-1-6　用铁丝固定主管

图 2-1-7　在主管上打孔

图 2-1-8　安装滴头

图 2-1-9　安装花材后的效果

三、地面花材摆放

本案因观赏距离较远，没有在其下方摆放花卉，如果要摆放，可以按如下方法进行：拱的下方可摆放金鱼草、矮牵牛等花卉进行衬托。事先做好设计图，按照设计的图案定点放线后，逐一摆放。在摆放时内部需要使用 12 孔盘固定花卉，以免灌溉或风吹时倾倒。摆放完成后，将多余花材收回，收好工具，清除垃圾及杂物，做到场光地净。

四、施工后养护

一般每天需要浇水 1 ~ 2 次，浇水应浇透，夏季浇水应避开中午高温时段。

为保持花坛花卉始终处于良好的观赏性，需对残花进行修剪，除去杂草，及时去除残株并进行补植，补植的品种、规格、高度应与周边植株一致。

【思考与讨论】

1. 在安装滴灌设备时，滴头应安装在卡盆的什么位置？为什么？

2. 如果上述花拱在养护几天后，发现有一小片花卉明显萎蔫，你觉得是什么原因造成的？应该如何解决这个问题？

【技能考核】

一、考核评分表

项　目	施工准备	卡盆及灌溉设备安装	地面花材摆放	施工后养护
分　值	20	50	20	10
实际得分				
总　分				

二、考核内容及评分标准

1. 施工准备(20分)

(1)能够正确准备施工工具，运送花材没有造成机械损伤，能准备临时灌溉设备。(15～20分)

(2)基本能准备施工工具，运送花材基本没有造成机械损伤，能准备临时灌溉设备。(10～14分)

(3)未能准备施工工具，运送花材造成了机械损伤，未能准备临时灌溉设备。(0～9分)

2. 卡盆及灌溉设备安装(50分)

(1)能够按照图纸选择合适的花材安装，安装到位；主管安装正确，滴头数量和卡盆数量做到1∶1，无遗漏，滴头朝向正确。(33～50分)

(2)基本能够按照图纸选择合适的花材安装，安装基本到位；主管安装基本正确，滴头数量和卡盆数量基本做到1∶1，基本无遗漏，滴头朝向基本正确。(16～32分)

(3)未能按照图纸选择合适的花材安装，安装不到位；主管安装不正确，滴头数量和卡盆数量做不到1∶1，有遗漏，滴头朝向不正确。(0～15分)

3. 地面花材摆放(20 分)

(1)能够按照图纸范围摆放，植物均匀整齐；能够及时收拾好施工工具，安置好多余的花材，把现场的垃圾清理干净。(15 ~20 分)

(2)基本能够按照图纸范围摆放，植物基本均匀整齐；基本能及时收拾好施工工具和安置好多余的花材，基本能把现场的垃圾清理干净。(10 ~14 分)

(3)未能按照图纸范围摆放，植物摆放不均匀、不整齐；未能及时收拾好施工工具和安置好多余的花材，未能把现场的垃圾清理干净。(0 ~9 分)

4. 施工后养护(10 分)

(1)能够按照天气情况适时适量浇水，及时去除枯花、枯枝。(7 ~10 分)

(2)基本能够按照天气情况适时适量浇水，能够去除枯花、枯枝。(4 ~6 分)

(3)未能适时适量浇水，未去除枯花、枯枝。(0 ~3 分)

任务二　栽植式立体花坛施工

【任务描述】

学校在教学楼前的绿地中安放了 2 个蝴蝶钢骨架，要制作栽植式立体花坛，请照着设计图纸进行施工。

【任务目标】

1. 掌握栽植式立体花坛的施工步骤；掌握相关工具的使用方法。

2. 能够进行灌溉系统施工，填充栽植式立体花坛的基质，并进行植物的栽植。

3. 培养耐心、细心、吃苦耐劳、节约资源的职业素养。

【任务流程】

施工准备—灌溉系统施工—基质包扎—栽植植物—地面花卉摆放—栽后养护

一、施工准备

1. 现场踏勘

拿着设计图纸(图 2-2-1 至图 2-2-3)到现场踏勘。查看立体花坛钢骨架的构造(图 2-2-4)、水源的位置，查看施工时花材可以临时摆放的位置，以及基质准备的场地等。

2. 施工材料及工具准备

提前把施工材料和工具准备到位。用到的施工材料有：各种花材、遮阳网、

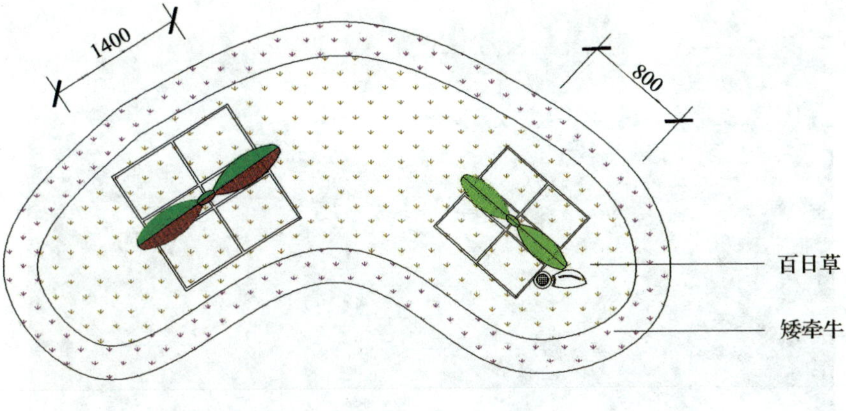

图 2-2-1　花坛平面图

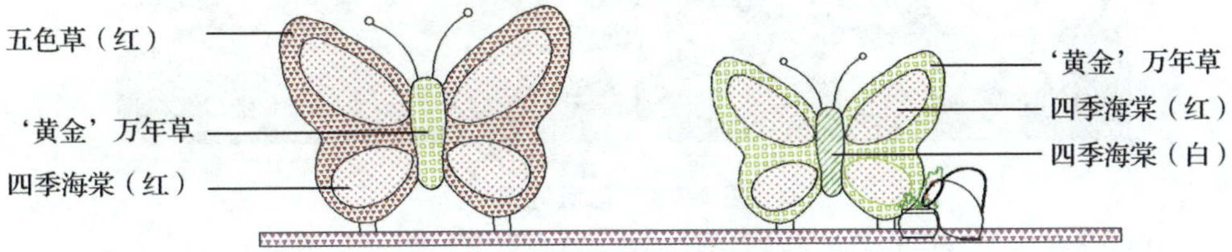

图 2-2-2　花坛北立面图

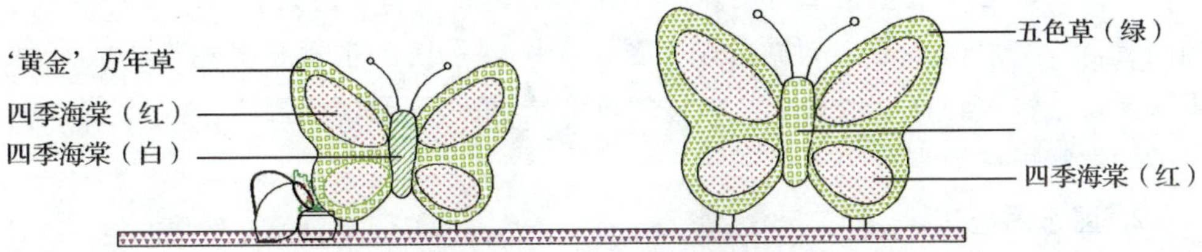

图 2-2-3　花坛南立面图

基质、主管、稳流器、软管、小直通、微喷头、气钉、打孔器、手套等。用到的施工工具有：气枪、剪刀、木棍、木锥、铁锹等。栽后养护用到的工具有：剪刀、太平剪。

二、灌溉系统施工

1. 主管布置

本案的灌溉系统主要用渗灌系统和喷灌系统。渗灌系统主要针对立体花坛内部，直接把水送往植物的根系。但在花坛的上部，有部分区域渗灌系统覆盖不

图 2-2-4　花坛骨架

到，因此需要另外安装喷灌系统，喷灌系统只是从花坛上方辅助灌溉。

本案中每个蝴蝶钢骨架只需要布置 1 个喷灌系统的主管。“大蝴蝶”面积较大，布置的渗灌系统主管相对要多。“大蝴蝶”的正、背面分别布置 2 个渗灌系统的主管，“小蝴蝶”的正、背面分别布置 1 个渗灌系统的主管。将主管码放好后，用铁丝将主管固定在蝴蝶骨架上。将主管上端对折，用铁丝缠绕，以免跑水。本案中的主管规格为直径 20mm。

2. 灌水器施工

将稳流器、长约 10cm 的小软管、小直通按顺序组装好。在渗灌系统的主管上用打孔器打孔，把稳流器安装入孔，小直通一端安装渗灌管，渗灌管水平分布长度依蝴蝶的形状而定。由于渗灌管较长，中间需要用铁丝缠绕固定在蝴蝶钢骨架上，渗灌管端头对折后用铁丝缠住固定好。

将微喷头、小软管、小直通按顺序组装好，小软管长 30 ~ 50cm。在蝴蝶钢骨架上方喷灌系统的主管上打孔，把小直通端安装入孔，每个“蝴蝶”安装 4 ~ 6 个微喷头即可。

接好水源后试水，如果有漏水的地方需要修复，最终保证整个灌溉系统能够正常运转，以免栽植植物后发现问题时不好处理。最后将主管的下端对折，用铁丝捆绑，防止在施工过程中进入土块等杂物而堵塞管网(图 2-2-5、图 2-2-6)。

图 2-2-5 “大蝴蝶”灌溉系统

图 2-2-6 “小蝴蝶”灌溉系统

三、基质包扎

1. 基质准备

栽植式立体花坛的种植土可以由草炭土、珍珠岩、松针组成，比例为 7∶2∶1。草炭土保水保肥，含有大量有机质；珍珠岩可以疏松基质内部结构，保持水、气、肥的正常交换；松针透气利水，适合观叶植物生长。

在地上铺好塑料布，按上述比例配好基质后搅拌均匀，在基质中间挖一个土坑，往里面浇水，边加水边搅拌，使基质达到紧握后松开不散坨即可(图 2-2-7)。

图 2-2-7 配好的基质

图 2-2-8 基质包扎完成

2. 基质填充

将气枪连好电源，安装好气钉后备用。把遮阳网一端用气枪固定在蝴蝶钢骨架底部。10cm 左右一个气钉，并逐渐往上捋。把上述配好的基质塞入已被气钉固定好的遮阳网内，用小木棍捣实，以防止后期浇水时基质疏松导致塌陷。边加入基质，边用气枪从下至上将遮阳网固定在钢骨架上，直至整个蝴蝶钢骨架都包好基质(图 2-2-8)。在基质捣实的过程中不要碰坏灌溉系统，以免漏水，导致灌溉不均匀。接好水源，过 10min 左右，就可根据基质湿润程度检查灌溉系统是否完好，如有漏水或者灌溉不畅的情况，要及时修复。

四、栽植植物

将所需植物材料运到施工现场，最好放到能庇荫的地方，及时浇水，保证根系水分充足。在包好基质的蝴蝶钢骨架上，按照图纸栽植不同的植物(图 2-2-9)。

本案采用的花材主要有五色草、四季海棠和黄金万年草穴盘苗。在栽植前 1~2h先给穴盘苗浇水，使其根系不散坨。栽植时先用剪刀在遮阳网上剪个小口，再用木锥捅一个小孔，小孔的深度、宽度和植物根系一样即可，再把整个植物的根系都插进去，将四周按紧实。

第二株植物距离第一株植物只需叶片搭接上即可。栽植时，靠近粗钢筋的位置需要把苗稍微斜一点栽植，以便遮挡钢筋。在栽植过程中，尽量做到均匀，品字形栽植。五色草和‘黄金’万年草的栽植密度为 800~1200 株/m^2，四季海棠的栽植密度为 650~800 株/m^2。使用剪刀和木锥时，注意不要碰坏喷灌系统。最后把花坛上方的微喷头均匀地插在蝴蝶造型的上方(图 2-2-10)。

图 2-2-9　栽植植物的过程

图 2-2-10　栽植完成效果

五、地面花卉摆放

地面摆放花卉的范围可用距离交汇法定出。具体做法是：在总平面图上挑选地面花卉范围的拐点，分别量取它们与图纸上 2 个固定点的距离，如本案可选道牙交汇点和碧桃种植点，使这 3 个点形成一个三角形，并在图纸上标出距离。在

图 2-2-11　施工完成的效果

施工现场，找到图上所表达的道牙交汇点、碧桃种植点，分别量取刚才标出的距离，就得到地面花卉摆放范围的拐点，用小木桩做标记。以此类推，在图纸上标出所有拐点，在草坪上定出相应的拐点，用白灰把这些拐点用平滑优美的曲线连接，地面花卉摆放的范围就定好了。按照范围从里向外摆放花卉，中间部分可以使用 12 孔盘，以便浇水时少发生花盆倒地的现象。本案中小蝴蝶立体花坛旁还有 2 个花钵，用上述方法找出花钵位置并将其摆好(图 2-2-11)。

施工完毕后，要及时收拾好施工工具，安置好多余的施工材料，把现场的垃圾清理干净。

六、栽后养护

1. 栽后修剪

刚刚栽好的五色草不适合用太平剪修剪，这样容易把刚栽好的小苗从基质中带出来。需要用剪刀慢慢修剪，去除顶端优势，在修剪时可将视线与修剪平面保持平行，修剪后使整个造型看起来圆润饱满。

2. 灌溉

完成栽植施工后，可进行灌溉，使植物得以及时缓苗。将喷灌系统和渗灌系统同时打开，10min 左右浇透即可。随后每天早、晚各灌溉一次，天气炎热时、下雨时可根据具体情况而定。

3. 日常修剪

2 周之后，就可以利用太平剪修剪五色草，去除徒长的枝叶，去除植株的顶端优势，修剪平整。四季海棠只需要去除残花枯叶即可。

【思考与讨论】

1. 栽植五色草遇到粗钢筋时，如何使种植效果看起来均匀?

2. 栽植式立体花坛如何修剪?

【技能考核】

一、考核评分表

项　目	施工准备	灌溉系统安装	基质包扎	栽植植物	地面植物摆放	栽后养护
分　值	10	25	25	20	10	10
实际得分						
总　分						

二、考核内容及评分标准

1. 施工准备(10 分)

(1)对周围环境和施工现场情况踏勘到位；施工材料及工具准备齐全，安排合理。(8 ~ 10 分)

(2)对周围环境和施工现场情况踏勘基本到位；施工材料及工具准备基本齐全，安排基本合理。(4 ~ 7 分)

(3)对周围环境和施工现场情况踏勘不到位；施工材料及工具准备不齐全，安排不合理。(0 ~ 3 分)

2. 灌溉系统安装(25 分)

(1)主管安装正确，渗灌和喷灌系统安装合理，接通水源后无漏水现象。(19 ~ 25 分)

(2)主管安装基本正确，渗灌和喷灌系统安装基本合理，接通水源后基本无漏水现象。(9 ~ 18 分)

(3)主管安装不正确，渗灌和喷灌系统安装不合理，接通水源后有漏水现

象。(0 ~ 8 分)

3. 基质包扎(25 分)

(1)能够按照比例正确配比基质，搅拌均匀，含水量合适；气枪使用正确，遮阳网平整、牢靠，基质紧实、充满；基质包扎过程中没有破坏灌溉系统。(19 ~ 25 分)

(2)基本能够按照比例配比基质，搅拌基本均匀，含水量基本合适；气枪使用基本正确，遮阳网基本平整、牢靠，基质基本紧实、充满；基质包扎过程中基本没有破坏灌溉系统。(9 ~ 18 分)

(3)未能按照比例正确配比基质，搅拌不均匀，含水量不合适；气枪使用不正确，遮阳网不平整、不牢靠，基质不紧实、不充满；基质包扎过程中破坏了灌溉系统。(0 ~ 8 分)

4. 栽植植物(20 分)

(1)株行距均匀，植物根系伸入基质，栽植均匀。(15 ~ 20 分)

(2)株行距基本均匀，植物根系基本伸入基质，栽植较均匀。(10 ~ 14 分)

(3)株行距不均匀，植物根系没有伸入基质，栽植不均匀。(0 ~ 9 分)

5. 地面植物摆放(10 分)

(1)定点放线的轮廓准确，植物摆放整齐，外轮廓整齐。(8 ~ 10 分)

(2)定点放线的轮廓基本准确，植物摆放基本整齐，外轮廓基本整齐。(4 ~ 7 分)

(3)定点放线的轮廓不准确，植物摆放不整齐，外轮廓不整齐。(0 ~ 3 分)

6. 栽后养护(10 分)

(1)能够按照天气情况适时适量浇水，能够定期进行修剪。(8 ~ 10 分)

(2)基本能够按照天气情况适时适量浇水，基本能够定期修剪。(4 ~ 7 分)

(3)未能适时适量浇水，未能定期修剪。(0 ~ 3 分)

单元三
花境设计与施工

单元介绍

花境起源于英国，已有100多年的历史。由于管理简便、植物多样、效果自然等特点，近年来花境逐渐成为城市绿地中花卉应用的主要形式之一。它不但可以美化环境、点缀绿地，还可以起到展示花卉、陶冶情操的作用，在公园、广场、居住小区、分车带等绿地中被广泛应用。

本单元主要讲述花境的相关理论知识，介绍花境的概念、特点、分类和设计内容等；通过单面观花境设计、单面观花境施工两个任务详细阐述单面观花境设计与施工的过程。

单元目标

知识目标：掌握花境的概念、特点、分类、设计和施工图纸内容、施工程序等。

能力目标：能够绘制单面观花境的设计图纸和施工图纸，并会施工。

情感态度价值观：培养吃苦耐劳、节约资源的职业精神。

单元引导

一、花境的概念

花境是模拟自然界林地边缘地带多种野生花卉交错生长的状态，经过艺术设计，将多年生花卉为主的植物材料以平面上斑块混交、立面上高低错落的方式种植于带状的园林地段而形成的花卉景观。花境的最小单位是花丛，花丛是用几株或几十株花卉组合成丛的自然式应用，极富自然之趣，管理比较粗放。

二、花境的特点

1. 应用形式灵活

花境没有严格的形式，可以根据具体环境特点灵活应用。它能作为建筑物基础栽植，能布置在道路旁、林缘处、草坪上，还能与绿篱、树墙结合，在庭院中也经常出现。

2. 花卉种类丰富

通常在花境中会用到很多花卉，包括宿根花卉，一、二年生花卉，球根花卉，以及观赏草等，必要时还需要花灌木、常绿树或爬藤植物等作背景。丰富的植物种类可以形成一个植物群体，具有良好的生态作用。

3. 展现季相变化

花境由多种花卉组成，不同花卉的花期是不一样的，植株表现的状态也不一样，还有一些观叶花卉随着季节变化叶色会跟着变化，因此花境在不同的季节能够表现不同的美，效果多样。

4. 观赏期长

不同花期的花卉配植在一起，再配以观叶花卉，使得花境的观赏期得以延长。在北京，花境的观赏期可以从早春持续到秋末。

5. 低维护成本

由于花境大多选用的是宿根花卉，因此花境的管理相对粗放，一般花境种植后可维持 3 ~5 年，期间每年只需要补种、分栽、除草等低成本维护。

三、花境的分类

1. 依观赏角度分类

花境按照观赏角度分为单面观花境、双面观花境和对应式花境。

(1)单面观花境　单面观花境一般临路而设，多有背景衬托，背景可以是建筑、墙体、绿篱、树丛等(图3-0-1)。布置花卉时后面高、前面矮，供单面观赏。花境的边缘可以是直线，也可以是曲线。

图3-0-1　单面观花境

(2)双面观花境　双面观花境一般设置在道路、广场中间的绿地或隔离绿带中，也可用于花卉展示等(图3-0-2)。布置时中间花卉株高相对高、两侧低，或者借助地形，使得中间高、两侧低，满足双面观赏。

(3)对应式花境　对应式花境一般设置在园路两侧，两侧的花境可以完全一样，也可以在保证风格色调一致的情况下有所不同，增加趣味性(图3-0-3)。在规则式园路中，尽头可结合花境设置焦点，焦点可以是植物组合、喷泉或者雕塑等；在自然式园路中，花境结束时可采用山石、花灌木或者常绿乔木加以点缀。

2. 依植物材料分类

(1)草花花境　花境内所用的植物材料由草本花卉组成，包括一、二年生花卉花境、宿根花卉花境、球根花卉花境及观赏草花境。一般以宿根花卉花境较为常见，管理也方便，有时为了延长观赏期，可在宿根花卉花境中补充部分一、二年生花卉。

(2)灌木花境　灌木花境是指由各种灌木组成的花境。灌木花境适应性较强，养护管理简便。灌木的种类也多样，可将春花、夏花、常年异色叶、秋冬观

图 3-0-2　双面观花境

图 3-0-3　对应式花境

果的灌木搭配在一起，不仅景观效果丰富，而且还能够延长花境的观赏期。

(3)**混合花境**　混合花境是一种以宿根花卉为主，配置少量花灌木、针叶树、观赏草或艺术小品等组成的花境。因其可选择的植物材料范围较广，一般观赏期较长，变化多样，在城市园林中具有较高的应用价值。

3. 依观赏时间分类

（1）*单季观赏花境*　单季观赏花境主要突出展示某一季节的观赏效果，特点是在这一季节特别绚丽多彩，但观赏期短，在其他季节显得萧条。在北京地区，单季花境主要包括春季、夏季和秋季三季花境，这类在公园中应用得较多。

（2）*四季观赏花境*　四季观赏花境指的是一年四季可以观赏的花境，每个季节都有不同的花开。在北京地区，主要以春、夏、秋三季观赏花境为主。

四、花境设计

花境可以增加绿地的层次，也可以烘托节日气氛等，但无论建造花境的目的是什么，设计时都要考虑以下几个方面。

1. 背景设计

凡是单面观花境，无论是草花花境、灌木花境还是混合花境，最好要有背景。花境一般色彩都比较丰富，最佳的背景是绿色。背景也可以是墙基、栅栏，以深色或者白色为好，也可以由绿色攀缘植物形成。设计较宽的花境时，花境和其背景之间可根据具体情况留 60cm 左右的距离，作维护花境用。

2. 种植床设计

花境的种植床一般是带状，两边为平行或近于平行的直线或曲线。直线形边缘的花境多用于规则式园林中，看上去整齐简洁；曲线形边缘的花境一般用于自然式的园林中，也用于林缘。

对应式花境要求种植床长轴沿南北方向展开，以便两侧花境受光均匀，其他花境则可自由选择方向。

花境的长度取决于环境空间的大小。花境的长轴长度不限，但可将过长的种植床分为几个单元，每个单元的长轴长度不超过 20m。也可设计 1 个单元进行重复，或 2 ~ 3 个演进单元交替重复。单元与单元之间可留 1 ~ 3m 的间歇地段。

3. 边缘设计

为了美观及养护的需要，可以用材料对花境的边缘加以确定和保护。材料可以用白色篱笆、仿原木木桩、鹅卵石等，既显得整齐，又可作为衬托之用。

4. 植物选择

花境的背景尽量选择常绿植物，如侧柏、圆柏等，可根据花境高度修剪成不同高度的绿篱。对于花境中的灌木，最好选择观赏效果佳、观赏期长、管理粗放的，北京地区建议选择的有天目琼花、棣棠、金银木、贴梗海棠、茶藨子、栓翅卫矛、欧洲荚蒾、蓝叶忍冬、紫丁香、蓝紫丁香、裂叶丁香、锦带花、八仙花、海仙花、平枝栒子、多花栒子、紫荆、连翘、海州常山、‘邱园蓝’莸、‘金叶’莸、黄刺玫、玫瑰、猬实、‘金山’绣线菊、‘粉花’绣线菊、‘金焰’绣线菊、紫珠、醉鱼草、凤尾兰、牡丹等。

对于草花花境，选择的原则有以下几点：①以能在当地露地越冬的多年生花卉为主，少量选用一、二年生花卉；②要求植物的抗逆性强，管理粗放，容易成活；③选择花期长、观赏价值高的品种。建议选择的种类有：春季开花的金盏菊、飞燕草、紫罗兰、耧斗菜、荷包牡丹、风信子、花毛莨、郁金香、石竹、马蔺、鸢尾、芍药等；夏季开花的蜀葵、美人蕉、大丽花、宿根天人菊、唐菖蒲、萱草类、矢车菊、玉簪、鸢尾、百合、毛地黄、滨菊、一枝黄花、宿根福禄考、桔梗、假龙头、落新妇、蓍草、晚香玉、鼠尾草、红花钓钟柳等；秋季开花的荷兰菊、雁来红、乌头、百日草、鸡冠花、凤仙花、万寿菊、醉蝶花、金光菊、麦秆菊、穗花婆婆纳、紫松果菊、硫华菊、翠菊、紫茉莉等；观叶的‘金叶’反曲景天、矾根、垂盆草、佛甲草、‘金叶’过路黄等。

5. 季相与色彩设计

理想的花境应四季有景可观，寒冷地区可做到三季有景。在平面种植设计时应考虑将同一季节不同的花色、株形等合理地布置于花境各处，保证花境中开花植物连续不断，以保证各季节的观赏效果。

花境的色彩主要由植物的花色来体现，少量的观叶植物的叶色运用也很重要。色彩设计不是独立的，必须与周围环境的色彩相协调，与季节相吻合。冷色花卉放在后部，在视觉上有加大花境深度、增加宽度之感。在狭小的环境中用冷色组成花境，有空间扩大感。设计中根据花境大小选择色彩数量，避免在较小的花境上使用过多的色彩而产生杂乱感。

(1) **统一配色** 统一配色有单色配置和近似色配置之分。单色配色如深红、大红及粉红，应用实例如一串红、玫红色非洲凤仙、粉红色凤仙。近似色配色如红、橙、黄相配，应用实例如红色矮牵牛、橙色猴面花、黄色猴面花或黄色三色堇。黄、黄绿、绿近似色配色的应用实例有黄色矾根、黄绿叶色的玉簪和绿色叶的玉簪。

(2) **对比配色** 对比色有红和绿、黄和紫、橙和蓝 3 组。对比配色一般在暗色调的环境中使用，如灰色铺装上、灰色建筑前。例如，紫藤和毛茛、紫色风信子和黄色喇叭水仙、黄色天人菊和蓝色鼠尾草。

(3) **多色配置** 在大型花境中，可以使用多色配置，即多种颜色搭配在一起，用白色、银灰等中间色进行协调，达到绚丽多彩的效果。多色配置多用在节日，欢庆的场所。

6. 设计与施工图绘制

花境设计前首先应踏勘现场，熟悉环境，并根据实地景观内容和主题，以及地理环境和气候条件，设计图形，选择相适应品种，以取得形式和内容的完美统一。

花境的设计图主要包括总平面图、平面图、立面图、植物表、设计说明、花境施工图。总平面图主要表达花境周边的环境。平面图主要表达花境的设计内容。在绘制花境平面图时，先绘制花境的轮廓，然后绘制花境的斑块。每个斑块即一个花丛，花丛面积可根据花卉植株大小、开花效果等情况而定。如花后叶丛景观效果较差的植物，面积可小些。相邻植物可选择质感、姿态、叶形、高低、色彩差异较大的品种，以相互衬托，形成对比。绘制好斑块后，在其中填好序号，并列出植物材料表。花境的立面图主要表现花境在立面上的层次关系，通常绘制效果最好的一季即可。设计说明主要阐述设计者的创意、后期管理要求，或者图纸上很难表达的内容。花境施工图主要是绘制出花境的放线图，自然式花境一般都绘制方格网放线图。

五、花境施工

根据图纸放样，整理好种植床及其坡度，改良土壤，施足基肥，为花境的长久维持打好基础。实施种植时，应充分了解各种植物的生长习性，根据其生长速度和伸展空间，留足相应间距。要注重后期养护，做好花灌木和多年生花卉的修剪、施肥、抗旱以及一、二年生花卉的季节性换花、养护工作，使花境始终保持最佳的观赏效果。

六、常用花境花卉

1. 千叶蓍

菊科蓍草属。多年生草本植物。株高 30 ~ 40cm。花色有白、粉、红、黄等色。花期为 6 ~ 9 月。耐瘠薄，在半阴处也可生长良好，耐旱，尤其夏季对水分的需求量较少，是城市绿化中的“节水植物”(图 3-0-4)。

2. 宿根天人菊

菊科天人菊属。多年生草本植物。株高 40 ~ 60cm。花色有黄、红、紫等色。花期 6 ~ 10 月。植株繁茂，花色艳丽，花期长。喜光，耐热。可用于花坛或花境，也可成丛、成片地植于林缘和草地中(图 3-0-5)。

图 3-0-4　千叶蓍

图 3-0-5　宿根天人菊

3. 林荫鼠尾草

唇形科鼠尾草属。多年生草本植物。株高 50 ~ 75cm。花色有紫色、蓝紫色、白色等。花期 5 ~ 7 月。花量大，株形紧凑，耐旱性强，低维护成本种类，在花境和容器内都有很好的应用效果（图 3-0-6）。

图 3-0-6　林荫鼠尾草

图 3-0-7　金光菊

4. 金光菊

菊科金光菊属。多年生草本植物。株高 50 ~ 200cm。管状花黄色或黄绿色，舌状花金黄色。花期 7 ~ 10 月。耐贫瘠，适应性强，耐寒且耐旱，对光照不敏感。植株高大，是一种美丽的庭院花卉，适合作背景植物，也可布置于草坪边缘成自然式栽植（图 3-0-7）。

5. 宿根福禄考

花葱科福禄考属。多年生草本植物。株高 50 ~ 100cm。花色有白色、红色、蓝色等。花期 6 ~ 9 月。性强健，耐寒，其开花期正值其他花卉开花较少的夏季，是优良的庭院宿根花卉，可用于点缀草坪、盆栽或作花境（图 3-0-8）。

图 3-0-8　宿根福禄考

图 3-0-9　美国薄荷

6. 美国薄荷

唇形科美国薄荷属。多年生草本植物。株高 100 ~ 120cm，花色有红色、紫色和蓝色，花期 7 ~ 9 月。抗性强，管理粗放，耐半阴，不择土壤。植株高大，开花整齐，园林中常作背景植物，也可用于花境，适合在坡地、林下、水边栽植(图 3-0-9)。

7. 假龙头

唇形科假龙头花属。多年生草本植物。株高 60 ~ 120cm。花色有紫红、红、粉、雪青、白等色。花期 7 ~ 9 月。喜光，耐寒、耐热、耐半阴。叶形整齐，花色艳丽，可用于点缀草地，成片种植，也可盆栽。用在花境之中，与山石搭配效果佳(图 3-0-10)。

图 3-0-10　假龙头

图 3-0-11　红花钓钟柳

8. 红花钓钟柳

玄参科钓钟柳属。多年生草本植物。株高 60 ~ 200cm。花色为红色。花期

6～7月。喜温暖，耐旱，不耐寒，喜光，亦耐半阴，在石灰质的土壤上生长最好。花色鲜丽，株形秀丽，是优良的庭院花卉，可用于花坛或花境（图3-0-11）。

9. 穗花婆婆纳

玄参科婆婆纳属。多年生草本植物。株高40～50cm。花色有蓝、白、粉等色，花期7～9月。喜光，稍耐阴，在各种土壤上均能生长良好。株形紧凑、花枝优美，是优良的线型花序材料。花期恰逢缺花季节，可群植点缀林缘、草地和岩石园（图3-0-12）。

10. 紫松果菊

菊科松果菊属。多年生草本植物。株高80～90cm。花色有玫红色、淡粉色等。花期6～10月。性强健，耐寒、耐干旱，喜光，不择土壤。花期长，是野趣花园和自然式绿地的优良花卉，适合在林缘布置，也适合作花境的背景（图3-0-13）。

图3-0-12 穗花婆婆纳

图3-0-13 紫松果菊

11. 毛地黄

玄参科毛地黄属。多年生草本植物。株高60～120cm。花色有红、粉、黄、白等色。花期6～7月。植株强健，较耐寒、较耐干旱，忌炎热，耐瘠薄土壤。植株高大，花序呈圆锥状，可在花境、花坛、岩石园中应用（图3-0-14）。

12. 鸢尾

鸢尾科鸢尾属。多年生草本植物。株高40～60cm，花色为紫色，花期5～6月。喜阳光充足、气候凉爽，耐寒力强，亦耐半阴环境。叶片碧绿青翠，花大而美丽，是庭园中的常用花卉，也是优美的盆花、切花、花坛、花境用花，还可用作地被植物（图3-0-15）。

图 3-0-14　毛地黄

图 3-0-15　鸢　尾

13. 滨菊

菊科滨菊属。多年生草本植物。株高 30 ~ 50cm。花心黄色，舌状花白色。花期 6 ~ 7 月。喜光，较喜欢湿润的土壤，适应性强，维护成本低，花型高雅。园林中多用于庭院美化，或布置花境(图 3-0-16)。

图 3-0-16　滨　菊

图 3-0-17　一枝黄花

14. 一枝黄花

菊科一枝黄花属。多年生草本植物。株高 35 ~ 100cm。花色为黄色。花期 7 ~ 8月。耐寒、耐旱，对土壤要求不严，宜选向阳、肥力差的土壤。可在林缘、林下、灌丛中、山坡草地上及路边栽植，也可作为花境的背景(图 3-0-17)。

15. 矾根

虎耳草科矾根属。多年生草本植物。株高 30 ~ 50cm。叶色有绿色、砖红色、黄绿色、棕黄色等。花色有红色、粉红色、奶油色等。花期 5 ~ 9 月，观叶期 4 ~ 11 月。喜半阴，耐全光，是少有的彩叶阴生地被植物。园林中多用于林下花境、

图 3-0-18　矾　根

图 3-0-19　蜀　葵

地被、庭院绿化等，适合布置花坛、花境及岩石园(图 3-0-18)。

16. 蜀葵

锦葵科蜀葵属。多年生草本植物。株高 100 ~ 170cm。花色有白、粉、红、黄、橙、雪青、深紫、黑紫等色。花期 7 ~ 9 月。性强健，喜光，耐半阴，不择土壤，忌涝。植株高大，花色丰富，花期长，是优良的竖线条材料。适合在建筑物前后、角隅处栽植，也可作为花境的背景(图 3-0-19)。

17. 萱草

百合科萱草属。多年生草本植物。株高 30 ~ 60cm。花色有黄色、橙红色等。花期 6 ~ 7 月。喜光，耐半阴、耐寒。花色鲜艳，栽培容易，绿叶成丛，观赏效果好，可作树林地被，也可丛植，是很好的花境材料(图 3-0-20)。

图 3-0-20　萱　草

图 3-0-21　大花金鸡菊

18. 大花金鸡菊

菊科金鸡菊属。多年生草本植物。株高 20 ~ 100cm。可观叶，也可观花。花期5~7月。花大而艳丽，常开不断，花开时一片金黄，在绿叶的衬托下，犹如金鸡独立，绚丽夺目。耐旱、耐寒、耐热，喜肥沃、湿润、排水良好的砂质壤土(图3-0-21)。

19. 小丽花

菊科大丽花属。多年生草本植物。株高20~40cm，植株相对大丽花低矮，是优良的地被植物。花色有大红、粉红、墨红、黄、白等色。花期5~10月，花色艳丽而丰富。喜光，宜温和气候，怕炎热，且不耐寒。可用于布置花坛，也可以盆栽观赏(图3-0-22)。

20. 美人蕉

美人蕉科美人蕉属。多年生草本植物。株高1.0~1.3m。花大色艳，花色有红、黄、粉、白等色。花期6~10月。植株比较高壮，不耐寒，怕强风和霜冻。对土壤要求不严，能耐瘠薄，在肥沃、湿润、排水良好的土壤中生长良好(图3-0-23)。

图3-0-22 小丽花

图3-0-23 美人蕉

21. 千屈菜

千屈菜科千屈菜属。多年生草本植物。株高30~100cm，花色粉紫色。花期7~10月。是花坛、花境常用的竖线条植物，可作花境的背景植物。生于河岸、湖畔、溪沟边和潮湿草地。喜强光，耐寒性强，喜水湿，对土壤要求不严，在深厚、富含腐殖质的土壤上生长更好(图3-0-24)。

22. 荆芥

唇形科荆芥属。多年生草本植物。株高40~150cm。花淡紫色。花期7~9月。适应力很强，喜光，一般土壤都能种植，但在疏松、肥沃的土壤中生长较好，高温多雨季节怕积水(图3-0-25)。

图 3-0-24　千屈菜

图 3-0-25　荆　芥

23. 落新妇

虎耳草科落新妇属。多年生草本植物。株高 40 ~ 80cm。圆锥花序，花密集，花色为红、紫、粉、白等色。花期 7 ~ 8 月。喜半阴、湿润，耐寒，喜微酸或中性、排水良好的砂质土壤(图 3-0-26)。

24. 芍药

毛茛科芍药属。多年生草本植物。株高 60 ~ 120cm。花期 5 ~ 6 月。花大色艳，花型多变，花色丰富，有紫红色、粉红色、黄色、白色等，观赏性佳。喜光，耐旱、耐寒，喜壤土和砂质壤土(图 3-0-27)。

图 3-0-26　落新妇

图 3-0-27　芍药

25. 马蔺

鸢尾科鸢尾属。多年生草本植物。株高 40 ~ 60cm。色泽青绿，叶丛生、狭线形。花蓝紫色，淡雅美丽，花蜜清香。花期 5 月。对土壤和水分的适应性极强，耐盐碱、耐践踏，根系发达(图 3-0-28)。

图 3-0-28　马　蔺

图 3-0-29　荷包牡丹

26. 荷包牡丹

罂粟科荷包牡丹属。多年生草本植物。株高 30～60cm。花形优美，总状花序，有小花数朵，花色有红色、白色等。花期 4～6 月。耐寒，不耐高温，喜半阴，炎热夏季休眠。不耐干旱，喜湿润。喜排水良好的肥沃砂壤土(图 3-0-29)。

27. 荷兰菊

菊科紫菀属。多年生草本植物。株高 60～100cm。舌状花暗紫色或白色。花期 8～10 月。耐寒，喜光，喜湿润但耐干旱，耐瘠薄，对土壤要求不严，适宜在肥沃和疏松的砂质土壤生长(图 3-0-30)。

图 3-0-30　荷兰菊

图 3-0-31　紫露草

28. 紫露草

鸭跖草科紫露草属。多年生草本植物。株高 30～50cm，株形奇特秀美。花序顶生、伞形，花紫色。花期 5～7 月，单花只开放 1 天。耐寒，喜光，耐半阴，不择土壤(图 3-0-31)。

29. 玉簪

百合科玉簪属。多年生草本植物。株高约40cm。花白色，筒状漏斗形，芳香。花期7～9月。碧叶莹润，清秀挺拔，花色如玉，幽香四溢。性强健，耐寒冷，喜阴湿环境，不耐强烈日光照射，要求土层深厚、排水良好且肥沃的砂质壤土(图3-0-32)。

图3-0-32 玉 簪

图3-0-33 射 干

30. 射干

鸢尾科射干属。多年生草本植物。株高50～100cm。花橘黄色。花期7～9月。喜温暖、喜光，耐旱、耐寒，对土壤要求不严(图3-0-33)。

任务一 单面观花境设计

【任务描述】

为了增加校园绿地的观赏性，学校后勤服务中心决定在校园绿地中选几块地做花境，其中一块就是宿舍楼东侧绿地。这片绿地面积约为128m^2，绿地西侧有一排绿篱，绿地中还有2株杜仲、1株榉树和1株高接卫矛，要求当时就有观赏效果。请你在这片绿地中设计一个单面观花境。

【任务目标】

对这片绿地进行踏勘现场、场地实测；绘制花境总平面图；设计花境，并绘制平面图、立面图，写出花境的植物材料表和设计说明。

【任务流程】

踏勘场地—花境设计分析—绘制花境设计图—花境植物材料表—设计说明

一、踏勘场地

带着皮尺、草稿纸和铅笔，到现场进行踏勘和测量。观察周围环境，对照现场环境勾勒总平面草图。总平面草图要表达出花境四周的环境要素和特点，以及影响花境设计的因素，如绿篱、井盖、乔木等。草图勾勒完成后，对草图表达的内容进行实测，如花境所在绿地的长度和宽度、绿地中乔木的位置等，把数据标在草图上，形成实测草图。将现场情况多角度拍照，以便设计时参考。

根据花境大小，本次设计使用 A3 图纸。取一张 A3 图纸，绘制好图框和标题栏，注意构图，将实测草图按照 1∶500 的比例绘制在图纸上，形成正式的花境总平面图，并标好指北针。花境的设计图也可以用计算机绘图，绘制比例为1∶1，施工时按需要的比例打印即可，本案图纸就是用计算机绘制的。

二、花境设计分析

花境所在绿地南北向长约 22. 5m，东西向长约 5. 5m，绿地呈“L”形。绿地西侧是宿舍楼，东侧是学校的主路，根据绿地形状和周围环境，适合做一个单面观花境。在绿地内有一排宽约 1. 5m 的绿篱，可以作为单面观花境竖向上的背景。

观察绿地中的 3 株乔木，乔木的株距约 6. 5m，其中杜仲、榉树的分枝点较高，对花境接受光照产生的影响并不大，但是西南角的高接卫矛球的分枝点较低，约为 1m，在设计时要考虑到高接卫矛下面应栽植稍微耐阴的花卉。

三、绘制花境设计图

通过查阅资料，对花境的轮廓、选材等要有一个初步的构思，然后开始绘制图纸。

1. 绘制花境轮廓和斑块

在总平面图相应的位置绘制花境的外轮廓。考虑到此花境周边都是直线条，如绿地轮廓、主路、广场等，为了软化线条，使空间变得柔和，花境的外轮廓主要采用曲线。花境以西侧绿篱为背景，绿篱轮廓是规则的，因此花境西侧的轮廓可顺着绿篱轮廓绘制。整个花境的外轮廓要绘制得平滑圆润、自然优美。

在花境轮廓内部绘制斑块，即绘制每种花卉的种植范围；斑块内要标序号，每个序号代表一种植物。斑块轮廓的曲线要平滑自然，斑块要有大也有小，通过大小对比产生美感。针对此次设计的花境面积来说，每个斑块 1 ~ 2m^2 是比较合适的。绘制斑块时，每个斑块要闭合，斑块之间尽量无缝隙。

2. 花卉选材与搭配

在划分斑块的同时，要考虑不同斑块所对应的花卉，将花卉按照株高从后往前排列，同时考虑错开花期，最好做到春、夏、秋三季有花。此花境周边环境的颜色比较单一，建筑、铺装都是灰色的，周边的乔灌木都以观叶为主，也没有栽植其他花卉，所以色彩设计采用对比色和类似色设计为主。春天主要是采用对比色设计，开花的主要有鼠尾草、西伯利亚鸢尾、婆婆纳，还可欣赏观叶植物‘金叶’反曲景天、‘香茅’矾根，它们形成了鲜明的对比色，滨菊则可调节色调。夏天主要是采用红黄类似色设计，开花的主要有大花天人菊、全缘叶金光菊、千叶蓍、松果菊等，白色的假龙头可调节色调。秋天也采用红黄类似色设计，开花的主要有钓钟柳、景天、皱叶一枝黄花、堆心菊等。

从株高设计来说，将较高的堆心菊、皱叶一枝黄花、美国薄荷、全缘叶金光菊等放置在后层，将千叶草、大花天人菊、鼠尾草、景天等花卉放置在前面，毛蕊花放置在中间层。

花卉材料选择好后，将代表每种花卉的序号填写在斑块中，将花卉名称先列在草稿纸上(图 3-1-1)。

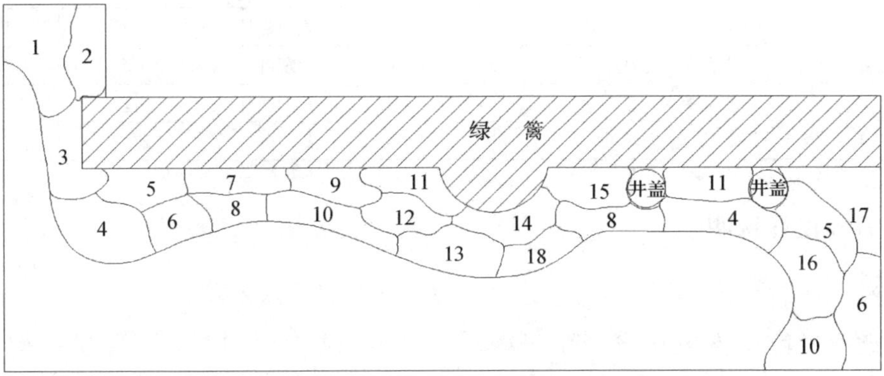

图 3-1-1 花境平面图

四、花境植物材料表

将在平面图中绘制的植物按照平面图中的序号列在植物材料表中。表中的主要内容有品种名、株高、花期、花(叶)色、数量等信息(表 3-1-1)。

同种但不同品种的植株之间，有时冠幅、花期等差异较大，因此表 3-1-1 列出了所用花卉的品种名。每个品种的用苗量可用如下方法计算：根据冠幅计算出 1m^2 可种植该品种多少株，再乘以种植面积，再加 15%～20% 的损耗即可。此次花境栽植用的是小苗，且要求当时就要有一定的观赏性，所以冠幅是按小苗计算的。

表 3-1-1　植物材料表

序号	品种名	株高(cm)	花期	花(叶)色	数量(株)
1	'金叶'反曲景天	15~20	观叶	金黄	120
2	'红辣椒'千叶蓍	30~40	6~9月	大红	60
3	'梅萨黄'大花天人菊	35~40	6~11月	黄	60
4	'新篇章蓝色'鼠尾草	30~35	5~6月	蓝	120
5	'金色风暴'全缘叶金光菊	50~60	7~8月	黄	35
6	'辣椒小姐'宿根福禄考	50~60	6~9月	浅粉	60
7	'全景蓝色'美国薄荷	70~75	7~8月	浅紫	22
8	'雪冠'假龙头	50~60	7~8月	白	50
9	'西瓜太妃'钓钟柳	40~45	6~10月	浅红	20
10	'达尔文之蓝'婆婆纳	25~30	5~7月	浅紫	100
11	'盛会玫红'松果菊	40~50	7~9月	玫红	40
12	'淡紫少女'毛蕊花	25~30	7~9月	浅紫	30
13	'阳光'滨菊	45~55	5~6月	白	25
14	'闪耀的玫瑰'西伯利亚鸢尾	50~60	5~6月	紫色	40
15	'焰火'皱叶一枝黄花	90~120	9~10月	黄	15
16	'香茅'矾根	25~35	观叶	黄	60
17	'海伦娜混色'堆心菊	100~120	8~10月	橙红	25
18	'生日宴会'景天	20	4~10月	玫红	25

五、设计说明

将花境的设计过程和构思整理后写成设计说明，具体如下：

此花境位于学校宿舍楼东侧绿地，绿地面积约为 $128m^2$，花境面积约为 $64m^2$。绿地西侧有一排绿篱，周边环境以灰色的建筑、铺装为主，绿地形式相对单调。因绿地面积有限，又结合现状中的绿篱，将花境设计为单面观花境。同时，为给同学们提供一个活泼、优美的休闲空间，花境的轮廓主要设计为曲线；为了活跃氛围，配色设计以类似色、对比色为主，并通过各种不同花期花卉的搭配，使花境兼顾春、夏、秋三季景观。

【思考与讨论】

1. 在花境设计时，应如何划分斑块?
2. 如果要做一个以秋季景观为主的花境，可以选择哪些宿根花卉?
3. 如何计算花材的用量?

【技能考核】

一、考核评分表

项　目	实测场地	花境外轮廓	花境斑块	植物材料表	设计效果	绘图标准
分　值	15	15	20	20	20	10
实际得分						
总　分						

二、考核内容及评分标准

1. 实测场地(15 分)

(1)能够实测花境所在的环境，数据准确；能够根据数据正确绘制总平面图。(11～15 分)

(2)基本能够实测花境所在的环境，数据基本准确；基本能够根据数据绘制出总平面图。(6～10 分)

(3)未能实测花境所在的环境，数据不准确；未能根据数据绘制总平面图。(0～5 分)

2. 花境外轮廓(15 分)

(1)花境外轮廓平滑圆润、线条优美，形状符合周围环境。(11～15 分)

(2)花境外轮廓基本平滑圆润，线条较优美，形状较符合周围环境。(6～10 分)

(3)花境外轮廓不够平滑圆润，线条不够优美，形状不符合周围环境。(0～5 分)

3. 花境斑块(20 分)

(1)斑块形状、数量合理，斑块面积合适，斑块之间的缝隙合适。(15～20 分)

(2)斑块形状、数量基本合理，斑块面积基本合适，斑块之间的缝隙较合适。(10～14 分)

(3)斑块形状、数量不合理，斑块面积不合适，斑块之间的缝隙不合适。(0～9 分)

4. 植物材料表(20 分)

(1)植物名称书写正确，能和斑块对应；株高、花期、花色等信息全面；计

算用量准确。(15 ~ 20 分)

(2)植物名称书写基本正确，基本能和斑块对应；株高、花期、花色等信息基本全面；计算用量基本准确。(10 ~ 14 分)

(3)植物名书写有较多不正确，不能和斑块对应；株高、花期、花色等信息不全面；计算用量不准确。(0 ~ 9 分)

5. 设计效果(20 分)

(1)植物搭配能做到春、夏、秋三季有景可观；株高前后搭配合理，色彩搭配合理。(15 ~ 20 分)

(2)植物搭配基本做到春、夏、秋三季有景可观；株高前后搭配基本合理，色彩搭配基本合理。(10 ~ 14 分)

(3)植物搭配未能做到春、夏、秋三季有景可观；株高前后搭配不合理，色彩搭配不合理。(0 ~ 9 分)

6. 绘图标准(10 分)

(1)线型运用正确，图纸内容符合制图规范。(7 ~ 10 分)

(2)线型运用基本正确，图纸内容基本符合制图规范。(4 ~ 6 分)

(3)线型运用不正确，图纸内容不符合制图规范。(0 ~ 3 分)

任务二　单面观花境施工

【任务描述】

学校后勤服务中心已从同学们上次做的花境设计方案中选择了一个，并且已预定了植物材料。请根据选中的平面图绘制施工图，并照图进行施工。

【任务目标】

1. 绘制施工图，列出施工工具。
2. 进行施工准备，定点放线，栽植施工。
3. 整理场地，进行后期养护工作。

【任务流程】

绘制施工图—种植床准备—定点放线—栽植施工—栽后养护

一、绘制施工图

根据花境的平面图绘制出花境的放线图。找到平面图中南侧的道牙和绿篱的东侧边缘线，以这两条线为参考线，打方格网，方格边长为 1m，形成花境的放线图。

二、种植床准备

绿地上目前生长着杂草。先对种植床进行深翻，深翻时需要将石块、草根等杂物耙出。因杂物较多，深翻 2 遍后筛土，筛完土耙平，施基肥后再翻地、耙平。

三、定点放线

将花境施工图准备好，带着比例尺、皮尺、白灰、木桩、铁锹、铅笔等工具到施工现场，准备定点放线。定点放线的顺序是：先将花境的种植范围定出，再定出每种花卉的种植范围。

定点时先在施工图上量好方格网纵、横坐标距离，再按比例定出现场相应方格的位置，并钉木桩或撒白灰线标明。如此地上就具有了较准确的基线或基点。依此再用简单基准线法进行细部放线，导出花境轮廓及斑块位置。

四、栽植施工

1. 花卉准备

把花卉运输到施工现场，对照植物材料表查清数量。选择植株健壮、株形丰满、枝条充实、无机械损伤的花卉(图 3-2-1)。

图 3-2-1　花卉准备

2. 花卉栽植

花卉种植的总体原则是从后往前、从左往右栽植。对照施工图、植物材料表，在相应的斑块上看好应该种哪种花卉，再将对应的花卉搬到跟前。

栽植时，用花铲挖一个种植穴，要求种植穴能放下植物脱盆后的土坨。把植株脱盆后放入种植穴中，用手按实，把周边的土平整好（图 3-2-2）。植株可按“品”字形栽植，对于小型花卉如婆婆纳、天人菊等，栽植密度为 30 株/m^2 左右，对于一枝黄花、美国薄荷、蜀葵等花卉，栽植密度为 8 株/m^2 左右。在栽植的过程中，随时把脱下来的塑料盆收集好，把用完的花框随时整理好（图 3-2-3）。栽植完花卉后，绿地其余的部分栽草。

图 3-2-2　栽植施工

图 3-2-3　施工完成

3. 场光地净

栽植完成后，安置好多余的花材，将工具、花框、垃圾收好，做到场光地净。

五、栽后养护

花境栽植后，要及时浇透水，一般要让 45cm 深的土壤充分湿润。待植物恢复长势后，浇水时间的长短、浇水量与次数可依据季节与植物种类而定。一般浇水的方法是“见干见湿”及土壤干燥后再进行浇水，浇水一定要浇透。

为保证花境景观效果，要定期除草。花卉是小苗时，裸露的土壤较多，杂草较容易去除，可以用锄头等工具；当花卉长起来时，植株之间的缝隙变小，最好用手工或者花铲清除杂草。在杂草结籽前，最好将其尽除，避免第二年长出更多杂草，增加除草工作量。

花境中常用的追肥方法是条施和撒施，常施速效无机肥。及时去除枯枝败叶、残花。

【思考与讨论】

1. 花境施工时，花卉栽植的顺序是什么？

2. 种植穴的深度应该为多少？覆土的时候应注意什么？

【技能考核】

一、考核评分表

项　目	绘制施工图	种植床准备	定点放线	栽植施工	栽后养护
分　值	10	20	25	30	15
实际得分					
总　分					

二、考核内容及评分标准

1. 绘制施工图(10分)

(1)施工图绘制准确，符合制图标准。(8～10分)

(2)施工图绘制基本准确，基本符合制图标准。(4～7分)

(3)施工图绘制不准确，不符合制图标准。(0～3分)

2. 种植床准备(20分)

(1)深翻到位，去除杂物、筛土到位，种植床平整。(15～20分)

(2)深翻基本到位，去除杂物、筛土基本到位，种植床较平整。(10～14分)

(3)深翻不到位，去除杂物、筛土不到位，种植床不平整。(0～9分)

3. 定点放线(25分)

(1)能够正确按照图纸进行施工，花境外轮廓与斑块放线准确。(19～25分)

(2)基本能够按照图纸进行施工，花境外轮廓与斑块放线基本准确。(9～18分)

(3)未能按照图纸进行施工，花境外轮廓与斑块放线不准确。(0～8分)

4. 栽植施工(30分)

(1)能够按照图纸选择正确的花卉进行栽植；选择植株个体合适；栽植步骤正确，种植穴深度合适，栽植完后花卉周边土壤紧实、平整；能够做到场光地

净。(22 ~ 30 分)

(2)基本能够按照图纸选择正确的花卉进行栽植；选择植株个体基本合适；栽植步骤基本正确，种植穴深度基本合适，栽植完后花卉周边土壤较紧实、平整；基本做到场光地净。(13 ~ 21 分)

(3)未能按照图纸选择正确的花卉进行栽植；选择植株个体不合适；栽植步骤不正确，种植穴深度不合适，栽植完后花卉周边土壤不紧实、不平整；未能做到场光地净。(0 ~ 12 分)

5. 栽后养护(15 分)

(1)能适时适量浇水，定期除草，能定期进行修剪。(11 ~ 15 分)

(2)基本能适时适量浇水，基本能定期除草，基本能定期进行修剪。(6 ~ 10 分)

(3)未能适时适量浇水，未能定期除草，未能定期进行修剪。(0 ~ 5 分)

单元四
花钵种植设计与施工

单元介绍

随着城市绿化手段的不断丰富，花钵被越来越多地运用到绿地景观中。作为花卉的应用形式，它能够利用有限的空间充分营造绿化景观，消除建筑带来的视觉疲劳，达到提升和美化环境的效果。相对传统的花坛而言，花钵的运用更加灵活，它们可以适应不同的空间，可以用在建筑前、入口或者广场、道路旁，还可以用在绿地中，营造更加丰富多变的景观层次。

本单元分 2 个任务，即单体花钵种植设计与施工、组合式花钵种植设计与施工。

单元目标

知识目标：掌握花钵种植设计的原则和施工过程。

能力目标：能够进行单体花钵、组合式花钵的种植设计与施工。

情感态度价值观：能具备吃苦耐劳的精神，具备节约、环保、团结合作的意识。

单元引导

一、花钵种植的概念及特点

花钵种植是指将同种或者不同种类的花卉按照一定的设计意图种植于各种类型的花钵中，布置于园林绿地、道路广场、露台屋顶甚至室内等处以装点环境的花卉应用方式。

花钵种植可以摆脱土地和空间限制，根据不同环境氛围和需求来布置，成为营造城市绿色环境空间的重要元素。可以采用成熟的株形，通过合理的设计、布局快速造景，不受时间和季节的限制，可以按时令更替更换植物种类或布局形式，做到四季有花、景致变化。

二、花钵种植的类型

按植物配置方式，花钵种植可分为规则式种植和自然式种植。

规则式种植是指在富有装饰性的花钵中栽植单一种类的花卉，或在面积较大的花钵中栽植一种以上的花卉形成简单图案的花卉应用形式。规则式花钵种植以表现草本花卉的色彩或平面图案为主(图 4-0-1)。

图 4-0-1　规则式种植

图 4-0-2　自然式种植

根据植物的株形、花果颜色、叶片质地等观赏特点，将不同的植物组合种植在一个花钵里，形成高低错落、前后掩映的自然式植物群体，是花钵的自然式种植，也称为组合盆栽(图 4-0-2)。

三、花钵的应用形式

花钵在园林中的应用形式可分为单体花钵及组合式花钵。单体花钵就是单体种植容器栽植花卉形成的装饰性景物。单体花钵可以独立成景，也可以多个单体花钵成排、成行组合成景；可以是规则式种植，也可以是自然式种植。为了营造丰富的植物景观，可将大小不同、样式类似的花钵组合起来，形成一组高低错落的植物景观，称为组合式花钵。

四、花钵的类型

随着经济的发展及园林风格的演变，加之行业制造工艺的发展，当今用于制作花钵的材料越来越丰富，有石材、陶瓷、木材、塑料、钢化玻璃、混凝土等；造型也多种多样，有盆、钵、桶、箱、车、船等，还有各种几何形状，如圆形、方形、多角形、碗形、碟形、三角形等（图 4-0-3）。除了专用的容器，设计师还利用人们的生活废弃物如碗、浴盆、球鞋、轮胎等配置各种花卉，形成别具一格的花卉景观。

图 4-0-3　花钵的类型

五、花钵的植物选择

规则式种植的花钵主要表现植物的整体图案美，需要表达色块效果，所以多选择株高整齐、色彩艳丽的植物，如一串红、矮牵牛、非洲凤仙等。

自然式种植的花钵可选择的植物种类很多，它们具有不同的习性特点、不相同的观赏期，对于街头环境的适应性方面也有差异，应根据花钵摆放位置的周围环境、季节等因素选择植物材料。一般来说，应选择花期长、易于培育，株形、冠幅、高度、叶形、叶色等方面有所不同的植物材料，以表现出植物群体的高低错落、层次变化。同一个花钵中的植物，生态习性应尽量相似，尤其是对土壤、水分和光照的需要，使它们能够长期共处，保证景观的稳定性。

在花钵植物的选择中，耐阴的种类可选择非洲凤仙、玉簪、长春花等；喜光的种类可选择矮牵牛、异果菊、醉蝶花、万寿菊、石竹、美女樱、百日草、天人菊、矮牵牛、松果菊、飞燕草等；喜凉的种类可选择角堇、三色堇、金鱼草、羽衣甘蓝等；竖线条的种类可选择美人蕉、观赏谷子、狼尾草等；垂吊型的种类可以选择金叶薯、马蹄金、蔓性矮牵牛等。

应避免选择有毒或是多刺的植物，散发强烈难闻气味的植物，茎秆柔弱的高秆植物，叶形、叶色、观感一般及生长松散的观叶植物，以及花期很短的观花植物。

六、花钵种植的设计原则

1. 突出主题

花钵在种植前应进行构思创意，要有鲜明的个性，设计要突出主材的色彩、质感或形态。

2. 整体平衡

在构图上要讲究平衡与稳重，上下均衡，高低错落，有层次感。容器的高矮、大小与所选花卉要协调。

3. 讲究节奏与韵律

通过植物高低起伏、色彩渐进、植物体量大小变化来产生动感，让作品产生节奏与韵律之美。

4. 对比明显

运用色彩的明暗及植物的软硬、大小、轻重、粗糙与光滑等，产生具有艺术性的视觉冲击力和张力，使花钵活泼丰富。

5. 疏密有致

植株间不可过于拥挤，应使花卉之间保留有适当的空间，以免造成通气不良，引起病虫害的发生和蔓延。构图中应留出适当空间，让欣赏者有发挥自由想象的余地。

6. 容器选择

容器的规格与植株冠幅、高低及根系的大小、深浅相适合；容器应适宜植物种类的生长习性或基质要求，保证一定的通气、排水要求。

七、设计和制作过程

1. 构思创意

花钵种植前应进行构思创意，可以根据花卉文化、花钵所在环境、花钵的用途、容器风格和内涵进行构思。

2. 准备工具、花材、容器和基质

在植物移栽之前，先准备好必备的工具和材料，如剪枝剪、花铲、手套等。依据设计选择好要移栽的植物，准备好容器、装饰材料以及基质等。

3. 植物的栽植

在正式移栽之前，将植物排列于容器中模拟一下移植后的情形。配置时要综

合考虑植物的形态、朝向、颜色、高度等。在容器中放入部分基质，移入焦点花卉，确认栽植高度。栽好焦点花卉后，依据造型移栽其他花卉，覆土。

八、花钵的养护

室外花钵一般不使用自吸式容器，除大雨天外，需要天天浇水。浇水宜采用花洒，避免用水管直接喷射花卉。要随时对花钵进行检查，发现杂草、残花败叶等应及时去除，还要根据实际需要定期更换花卉，才能使组合盆栽达到良好的景观效果。

九、花钵种植常用花卉

花钵种植选材非常灵活，前 3 个单元所介绍的花卉都可以使用。另外，还可以使用以下花卉：

1. 黄帝菊

菊科蜡菊属。一年生草本植物。植株 30 ~ 50cm。头状花序顶生，舌状花金黄色，管状花黄褐色。春季至秋季开花。密生的金黄色小花美丽生动，喜温暖、干燥、阳光充足的环境，忌积水，适应性强，不择土质，容易栽培，在稍阴处亦能生长(图 4-0-4)。

2. 穗状鸡冠花

苋科青葙属。一年生草本植物。株高 40 ~ 100cm。花色有紫红、橙红、金黄、乳白等。花期 7 ~ 10 月。喜温暖湿润和阳光充足的环境，不耐寒，怕霜冻，耐高温干燥，不耐瘠薄土壤，宜在疏松肥沃和排水良好的砂壤土中生长(图 4-0-5)。

图 4-0-4 黄帝菊

图 4-0-5 穗状鸡冠花

3. 观赏谷子

禾本科狗尾草属。一年生草本植物。株高 100 ~ 200cm。叶片宽条形，基部几乎呈心形，叶暗绿色并带紫色。4 月下旬至 10 月下旬为观赏期。喜疏松、肥沃的壤土，喜湿润，适应性强(图 4-0-6)。

图 4-0-6　观赏谷子

图 4-0-7　柳枝稷

4. 马蹄金

旋花科马蹄金属。多年生匍匐草本植物，常作一年生栽培。植株低矮。叶色翠绿，叶片密集、美观。不耐寒，喜阴，宜排水良好的土壤。

5. 柳枝稷

禾本科稷属。多年生草本植物。株高 100 ~ 200cm。叶片蓝绿色，观赏期长。适应性强，不择土壤，生长速度较快(图 4-0-7)。

6. 天竺葵

牻牛儿苗科天竺葵属。多年生草本植物，常作一、二年生栽培。株高 30 ~ 60cm，是花、叶兼赏花卉。花色有红、白、淡红、橙黄等；花期 5 ~ 7 月。耐冷凉，但不耐寒，忌高温，喜阳光充足，喜排水良好的肥沃壤土，不耐水湿(图 4-0-8)。

图 4-0-8　天竺葵

7. 夏菊

菊科菊属。多年生草本植物。株高 20 ~ 60cm。头状花序，数个集生于茎枝顶端，重瓣，花红色、黄色、粉色、白色等；花期 5 ~ 9 月。适应性强，耐热、耐寒、耐旱，宜疏松、肥沃、排水良好的土壤(图 4-0-9)。

8. 黄水枝

虎耳草科黄水枝属。多年生草本植物。株高 25 ~ 45cm。花粉红色。花期 6 ~ 7 月。叶色非常漂亮，发亮，观赏期长。耐阴，喜排水良好的土壤。

9. 香彩雀

玄参科香彩雀属。一年生草本植物。株高 40 ~ 50cm。花朵小巧，花色淡雅，花色有紫、淡紫、粉紫、白等。花期 6 ~ 9 月。喜高温多湿，喜光，微遮阴处也可，喜排水良好的土壤(图 4-0-10)。

图 4-0-9　夏　菊

图 4-0-10　香彩雀

10. 翠菊

菊科翠菊属。一年生草本植物。株高 20 ~ 100cm。花色丰富，有红色、粉色、紫色、蓝色、白色、黄色等；花期 5 ~ 10 月。喜肥、喜光、喜湿润，不耐涝，高温、高湿易受病虫危害，在肥沃砂质土壤中生长较佳(图 4-0-11)。

11. 火炬花

百合科火把莲属。多年生草本植物。株高可达 120cm。总状花序着生数百朵筒状小花，呈火炬形，花冠橘红色。6 ~ 10 月开花。喜温暖，耐寒，喜光，耐半阴，喜疏松肥沃的砂质土壤(图 4-0-12)。

图 4-0-11　翠菊

图 4-0-12　火炬花

任务一　单体花钵种植设计与施工

【任务描述】

学校为迎接校园开放日，需要在校门口做几个相同的规则式单体花钵，花钵为欧式白色。花钵的主要花材请选择色彩艳丽、株形优美的植物，要求能够渲染校园开放日的欢乐氛围。

【任务目标】

1. 能够根据要求选择合适的花材。
2. 能够根据花钵设计合理的造型。
3. 掌握花钵栽植的施工过程。
4. 能具备审美能力，以及节约、爱惜花材的职业素养。

【任务流程】

构思与选择花材—施工准备—栽植施工—栽后养护

一、构思与选择花材

本次提供的是白色的花钵，栽植面积约 $2m^2$，花钵高 1.2m，呈盆状，需要根据花钵颜色及形状选择花材。

为突出校园开放日的愉快气氛，并与白色欧式花钵相搭配，本案选择一串红作为花材，进行满钵栽植，达到简单大方的效果，同时花钵中间稍高，四周低些，整体协调即可。

二、施工准备

到施工现场踏勘，观察水源，准备好临时放置花材的地点以及配置基质的地点。准备好施工材料及工具，具体有铁锨、花铲、手套、垃圾袋等。

三、栽植施工

1. 基质准备

本着透气性好、含水量适中及易于排水、通气的原则，本案基质按草炭土、松针与珍珠岩的比例为 5∶3∶2 配比，每立方米基质加入 3kg 缓释肥。配制好基质后待用。

2. 栽植一串红

将所用的一串红运到施工现场备用。将配制好的基质用铁锨加入花钵中，为了帮助造型，基质中间略高，四周略低，将基质拍实。在花钵正中间用花铲挖一个种植穴，深度同一串红的土坨高度，将一串红栽植进去，把周围的土按实。选择一串红时要挑选茁壮、健康、没有病虫害和机械损伤的植株。由中心点向下逐渐栽植一串红，注意观察，调整高度，随时注意填充基质，使花钵整体看起来对称、规整。施工完毕后，要清理现场，将工具和多余花材收回，做到场光地净（图 4-1-1 至图 4-1-4）。

图 4-1-1　花钵中间略高

图 4-1-2　栽植一串红

图 4-1-3 填充基质

图 4-1-4 施工完成

四、栽后养护

栽植完成后应立即进行浇水，以后根据每天的天气情况进行浇水，一般早、晚各一次，保证浇透。定期进行残花处理，对枯枝败叶进行打理，保证良好的景观效果。

【思考与讨论】

1. 同样的造型，如果想换其他花卉，可选哪些种类或品种？为什么？
2. 花钵中的基质应该盛多满？为什么？

【技能考核】

一、考核评分表

项　目	构思与选择花材	施工准备	栽植施工	栽后养护
分　值	20	20	40	20
实际得分				
总　分				

二、考核内容及评分标准

1. 构思与选择花材(20 分)

(1)能够根据主题选择合适的花材，植株茁壮、健康，没有病虫害。(15 ~ 20 分)

（2）基本能够根据主题选择合适的花材，植株基本茁壮、健康，基本没有病虫害。（10～14分）

（3）未能根据主题选择合适的花材，植株不健康。（0～9分）

2. 施工准备（20分）

（1）能够进行场地踏勘，能正确准备施工工具和材料，运送花材没有造成机械损伤。（15～20分）

（2）基本能进行场地踏勘，基本能准备施工工具和材料，运送花材基本没有造成机械损伤。（10～14分）

（3）未能进行场地踏勘，未能准备施工工具和材料，运送花材造成了机械损伤。（0～9分）

3. 栽植施工（40分）

（1）能够按构思施工；能够做到中间高、四周低，花钵外形对称整齐；能够做到场光地净。（28～40分）

（2）基本能按构思施工；基本能做到中间高、四周低，花钵外形较对称整齐；基本能做到场光地净。（15～27分）

（3）未能按构思施工；未能做到中间高、四周低，花钵外形不对称；未能做到场光地净。（0～14分）

4. 栽后养护（20分）

（1）能够按照天气情况适时适量浇水，能够定期进行修剪。（15～20分）

（2）基本能够按照天气情况适量浇水，基本能够定期修剪。（10～14分）

（3）未能适时适量浇水，未能定期修剪。（0～9分）

任务二　组合式花钵种植设计与施工

【任务描述】

某商业中心为了增加其前广场的景观效果，要在广场上摆放组合式花钵。要求花钵符合商业中心的氛围，体量合适，不影响广场集散的功能，植物造型与容器搭配，能够渲染商业中心欣欣向荣的气氛。

【任务目标】

1. 能够根据环境选择合适的容器。

2. 能根据容器的材质和形状进行合理的花材搭配。

3. 能够使各花钵的花材搭配相互协调，形成一个整体。

4. 能掌握组合式花钵栽植的施工过程。

【任务流程】

构思创意—施工准备—栽植施工—栽后养护

一、构思创意

1. 选择容器

为符合商业广场较为现代、时尚的气氛，此次组合式花钵选择了玻璃钢材质的容器。考虑到组合式花钵不能占据广场太大的面积，又要有整体效果，所以定为3个容器的组合，长、宽、高的尺寸分别为0.5m×0.5m×1.2m、0.45m×0.45m×1.0m、0.4m×0.4m×0.8m。容器分为内胆和外壳。

2. 植物选择

观察玻璃钢材质的花钵，根据花钵的颜色、高度以及季节选择花材。选择花材时尽量考虑花材的相容性、形态搭配、色彩质感。相容性即要做到选择的花卉对光照、水分的需求类似；形态搭配则需要选择不同花形、不同高度、不同观赏特点的植物，通过合理搭配，展现植物的美；色彩质感即选定主花材后，要有观叶植物作陪衬，颜色交互运用，可采用对比、协调、明暗等手法表现，使作品活泼靓丽，呈现出视觉空间丰富的效果。

周围的建筑和硬质铺装均为灰白色，为了增加对比效果，植物的颜色要稍微亮一些，还要和周围环境相协调。

根据以上分析，此次组合式花钵选用的主要植物是：柳枝稷、福禄考、狼尾草、金光菊、金叶薯、百日草、千日红。这些植物组合在一起，株形丰富、观赏期较长、株高类型多样，搭配时容易形成效果。

3. 作品设计

柳枝稷和狼尾草较高，这2种花材可以放在中间偏一点的位置，但这2种植物的颜色较暗，为了提亮色调，按照高度紧挨着可以使用金光菊，此时的颜色没有视觉冲击感，再加红色系的植物，如福禄考、百日草和千日红。在花钵边缘使用金叶薯，可使金叶薯的枝条垂下，衬托整个作品造型，也能衬托花钵的颜色，使作品丰富饱满并且完整。3个单体花钵基本风格都可以这样设计，在每种花材的用量上可以各有不同，在造型上要微调一下，使它们相互呼应，形成一个完整的主题。根据构思，在图纸上将平面图勾勒出来。

二、施工准备

现场踏勘，观察水源，以便于将来浇水，同时观察花材临时摆放的位置。为了加快现场施工速度和减小对商业广场秩序的影响，按照在任务一中讲述的配比基质的方法提前配好基质，并运输至施工现场。将花钵运送到施工现场，卸车时要注意把机械损伤降到最低。准备好施工所用的工具和材料，具体有花铲、手套、垃圾袋等。

三、栽植施工

根据设计图纸进行栽植施工。要求选择生长健壮、株形紧凑、花色鲜艳、无病虫害、无机械损伤的植株；选择开花植物时要选既具有盛开的花，也有较多花苞的单体。观察植物的状况，若有枯叶、变黄的叶子或开败的花等，要事先除去。栽植时，要从不同的角度反复观察植物，尽量把植物形态最美的一面展现出来。

先栽植最高的花钵。在花钵内填满2/3的基质，为了帮助造型，基质可以中间略高、四周略低。在花钵中间偏一点的位置用花铲挖一个种植穴，将柳枝稷脱盆，并栽植进去。注意观察，调整高度，根据情况继续栽植福禄考、金光菊，随时注意添加基质。接下来按照造型需要依次栽植丰花百日草和千日红，调整好各种花材的位置、朝向，最后用金叶薯进行镶边。

在脱盆时，注意用一只手握住植物的根部，另一只手从盆底用手指往上顶，轻轻取出植物，不能使劲拉拽。根据容器大小可对植物根部土坨进行缩小，从土坨外围不断去土，最终土坨不能小于原来的1/3。根与容器之间及植物的土坨之间不能有空隙，所有间隙必须用基质填实。全部的花卉移栽完成后进行覆土，且要把表面压平。

其他2个花钵的栽植方法同上。施工完毕后，要清理现场，将工具和多余花材收回，做到场光地净(图4-2-1)。

图4-2-1 施工完成

四、栽后养护

组合盆栽栽植完成后应进行浇水，以后根据每天的天气情况进行浇水，一般早、晚各一次，保证浇透。定期进行残花处理，对枯枝败叶进行打理，必要时进行补植，以保证良好的观赏效果。

【思考与讨论】

1. 如果是黑色的花钵，你将选择哪些花材，如何设计?

2. 如果是 3 个圆形的花钵，底面积大小不变，高度的尺寸分别为 0.8m、0.6m、0.5m，你将选择哪些花卉，如何设计?

【技能考核】

一、考核评分表

项　目	设计构思	施工准备	栽植施工	栽后养护
分　值	30	15	40	15
实际得分				
总　分				

二、考核内容及评分标准

1. 设计构思(30 分)

(1)能够选择合适的容器，能够选择恰当的花材，设计构思符合环境要求。(21 ~ 30 分)

(2)基本能选择合适的容器，基本能选择恰当的花材，设计构思基本符合环境要求。(10 ~ 20 分)

(3)未能选择合适的容器，未能选择恰当的花材，设计构思不符合环境要求。(0 ~ 9 分)

2. 施工准备(15 分)

(1)能够协调好施工时间、施工操作面，能正确准备施工工具和材料，运送花材没有造成机械损伤。(11 ~ 15 分)

(2)基本能协调好施工时间、施工操作面，基本能准备施工工具和材料，运

送花材基本没有造成机械损伤。(6～10 分)

(3)未能协调好施工时间、施工操作面，未能准备施工工具和材料，运送花材造成了机械损伤。(0～5 分)

3. 栽植施工(40 分)

(1)能够按照图纸进行栽植；选择合适的花材，植株茁壮、健康，没有病虫害；3 个单体花钵融为一体，花卉的株高、颜色搭配合理；能够场光地净。(28～40 分)

(2)基本能按照图纸进行栽植；基本能选择合适的花材，植株较茁壮、健康，基本没有病虫害；3 个单体花钵基本能融为一体，花卉的株高、颜色搭配基本合理；基本能够做到场光地净。(15～27 分)

(3)未能按照图纸进行栽植；未能选择合适的花材；3 个单体花钵未能融为一体，花卉的株高、颜色搭配不合理；未能够做到场光地净。(0～14 分)

4. 栽后养护(15 分)

(1)能够按照天气情况适时适量浇水，能够定期进行修剪。(11～15 分)

(2)基本能够按照天气情况适时适量浇水，基本能够定期修剪。(6～10 分)

(3)未能按照天气情况适时适量浇水，未能定期修剪。(0～5 分)

参考文献

Susan Chiver，2007. 植物景观色彩设计[M]. 董丽，译. 北京：中国林业出版社.

北京林业大学园林系花卉教研组，1996. 花卉学[M]. 北京：中国林业出版社.

董凤丽，2016. 花卉识别与应用[M]. 北京：机械工业出版社.

董丽，2015. 园林花卉应用设计[M]. 3版. 北京：中国林业出版社.

耿欣，程炜，马娱，2009. 园林花卉应用设计·配植篇[M]. 武汉：华中科技大学出版社.

刘慧民，2012. 花卉应用与设计[M]. 北京：化学工业出版社.

刘燕，2016. 园林花卉学[M]. 3版. 北京：中国林业出版社.

孟庆武，2004. 北京节日花坛[M]. 乌鲁木齐：新疆科学技术出版社.

苏雪痕，1994. 植物造景[M]. 北京：中国林业出版社.

王香春，2001. 城市景观花卉[M]. 北京：中国林业出版社.

魏钰，张佐双，朱仁元，2006. 花境设计与应用大全[M]. 北京：北京出版社.

吴涤新，1994. 花卉应用与设计[M]. 北京：中国农业出版社.

吴玲，2007. 地被植物与景观[M]. 北京：中国林业出版社.

熊运海，2012. 园林植物造景[M]. 北京：化学工业出版社.

朱迎迎，2005. 花卉装饰技术[M]. 北京：高等教育出版社.